现代室内设计与应用研究

陈　理◎著

吉林出版集团股份有限公司

全国百佳图书出版单位

图书在版编目（CIP）数据

现代室内设计与应用研究 / 陈理著. -- 长春 : 吉
林出版集团股份有限公司, 2022.10
ISBN 978-7-5731-2561-3

Ⅰ. ①现… Ⅱ. ①陈… Ⅲ. ①室内装饰设计—研究
Ⅳ. ①TU238.2

中国国家版本馆CIP数据核字(2023)第002670号

现代室内设计与应用研究
XIANDAI SHINEI SHEJI YU YINGYONG YANJIU

著　者	陈　理
出版人	吴　强
责任编辑	刘东禹
助理编辑	李　响
装帧设计	北京万瑞铭图文化传媒有限公司
开　本	787mm×1092mm　1/16
印　张	11.75
字　数	196千字
版　次	2022年10月第1版
印　次	2023年8月第1次印刷
出　版	吉林出版集团股份有限公司
发　行	吉林音像出版社有限责任公司
	（吉林省长春市南关区福祉大路5788号）
电　话	0431-81629667
印　刷	吉林省信诚印刷有限公司

ISBN 978-7-5731-2561-3　　定　价　68.00元

前　言

　　现代室内设计作为一门新兴的学科，尽管它的设立只有数十年，但从古到今人们早已有意识地对自己的生活、生产活动的室内空间进行了安排布置，甚至进行了美化装饰，赋予室内环境新的气氛。人的一生大部分时间都是在室内活动的，人们活动空间的环境必然直接地关系到人们的生活质量，关系到人们的安全、健康、活动效率、舒适度等。由于人们在室内活动的时间较长，室内设计的原则自然就要以人为本，设计者始终需要把人对室内环境的要求，包括物质和精神两方面，放在设计的首位。

　　人类在穴居时代已开始用反映日常生活和狩猎活动为内容的壁画做装饰，古埃及神庙中的象形文字石刻，中国木构建筑的雕梁画栋，欧洲18世纪流行的贴镜、嵌金、镶贝都是为了满足人的视觉需求。20世纪以来，随着建筑结构技术的发展，建筑的内部空间不断地扩大，其使用功能越来越复杂。建筑内部不仅需要美化，还需要进行科学的划分，来全面满足人的行为、生理、心理的需要。近半个世纪以来，室内设计逐渐形成建筑设计中的一个重要分支。

　　室内设计是一门建立在现代环境科学研究基础之上的新兴边缘性科学，其设计的范畴包括人文社会环境、自然环境、人工环境的规划与设计。

目 录

第一章 现代室内设计综述

第一节 室内设计的内容概述

一、室内设计的依据

（一）人体活动的尺度和范围

根据人体活动的尺度可以测定人体在室内完成各种活动的空间范围，窗台、栏杆的高度，门扇的高度和宽度，梯级的高度和宽度及其间隔距离以及室内净高等基本数据。

（二）陈设设计的尺度和范围

室内空间还有家具、灯具、空调、排风机、热水器等设备以及陈设摆件等物品。有些室内绿化等所占空间尺寸也是组织、分隔室内空间必须考虑的因素。

对于灯具、空调等设备，除考虑安装时必需的空间范围外，还要注意对此类设备的管网、线缆等的整体布局，设计时应尽可能考虑在设备接口处予以对接与协调。

（三）装饰材料和施工工艺

在开始设计时就必须考虑到装饰材料的选择，从设计到实施，必须运用可供选用的装饰材料，因此必须考虑这些材质的属性以及实施效果，采用切实可行的施工工艺，以保证室内设计工程顺利实施。

（四）投资限额、建设标准和施工期限

投资限额与建设标准是室内设计中十分重要的依据。此外，设计任务书，相关消防、环保、卫生防疫等规范和定额标准都是室内设计的重要依据。合理、明确、具体的施工期限也是室内设计工程顺利推进的重要前提。

二、室内设计的要求

第一，合理的平面布局和空间组织。

第二，优美的空间结构和界面处理。

第三，符合设计规范。

第四，节能、环保、充分利用空间。

三、室内设计的原则

室内设计师的工作主要是让室内空间功能合理，符合美学标准，同时要在项目经济预算范围内完成，要做到这些并不是件容易的事。因此，设计师应该遵循以下基本原则。

（一）整体性原则

在对一个空间进行改造或设计时，室内设计师往往需要和不同专业人员合作才能做出最后决定。与各种专业人员的交流与合作是室内设计作品成功的基石。另外，要合理运用材料、色彩、照明、家具与陈设等各种设计语言，创造出既实用又美观的空间。

（二）实用性原则

室内设计实用性原则主要体现在功能上，一个空间的使用功能满足使用者的生活、工作需要非常重要。即使装饰得再漂亮，如果不适合使用者，也不算成功。所以，好的室内设计最终提供的是适合使用者的实用空间。

（三）经济性原则

经济性原则体现在设计初期限制施工成本上。同时，考虑经济性也应结合生态环境因素，设计师不能为控制成本而选用一些可能危害人们身体健康的材料或破坏环境的材料。

（四）色彩性原则

色彩在室内设计中起着改变或者创造某种格调的作用，室内设计中的色彩设计必须遵循基本的设计原则，只有将色彩与整个室内空间环境设计紧密结合，才能获得理想的效果。

（五）环保性原则

室内装饰装修设计中所用建筑材料大部分不可再生，所以设计中应该遵循节能原则，合理规划分配资源，实现可持续发展。选用材料时应该以绿色、健康、环保材料为主，兼顾美观和实用性，倡导简约设计风格，将审美性与功能性相统一，提高居住舒适感。

第二节 室内设计中的相关元素

一、室内设计中的造型元素

（一）点

点在空间中标明一个位置，在概念上没有长和宽，是无方向性的。在室内空间中，较小的形都可以称为点，如一幅画在一块大的墙面上，或一件家具在一个大的房间中都可以被视为点，它可以起到在空间中标明位置或使人的视线集中注视的作用。有时一个点太小，不足以成为视觉重心时，便可以用多个点组合成群，以加强分量，平衡视觉。点可以有规律地排列，形成线或面的感觉，也可以自由组合，形成一个区域，按照某种几何关系排布，形成某种造型。

（二）线

一个点延伸开来便成为一条线。如果有足够的连续性，用相似的形态要素进行简单的重复，就可以限定出一条线。线的一个重要特性就是它的方向性。水平线能够表达稳定和平衡，给人的感觉常常是稳定、舒适、安静与和平；垂直线则表现出一种与重力相均衡的状态，给人的感觉常常是向上、崇高和坚韧；斜线可视为正在升起或下滑，暗示一种运动，在视觉上是积极而能动的，给人以动势和不安静感；曲线表现出一种由侧向力所引起的弯曲运动，倾向突出柔和感。在室内空间中，作为线出现的视觉现象有很多，凡长度方向较宽度方向大得多的构件均可以视为线，如室内的梁、柱子以及作为装饰的线脚等。

（三）面

线沿着非自身方向延展即可形成面。水平面显得平和宁静，有安定感；垂直面有紧张感，显得挺拔；斜面有动感，效果比较强烈；曲面常常显得温和轻柔，具有动感和亲切感。室内空间的顶、底、侧三个界面就是典型的面，面限定形式和空间的二维特征，每个面的属性（尺寸、形状、色彩、质感）以及它们之间的空间关系最终决定着这些面限定的形式所具有的视觉特征，和它们所围合的空间质量。各种类型的面经过一定的组合安排后则会产生活泼生动的综合效果。

（四）体

面沿着非自身表面的方向扩展时即可形成体。体所特有的体形是由体量的边缘线和面的形状及其内在关系所决定的。体可以是规则的几何形，也可以是不规则的自由形体。在室内空间中，体大都是较为规则的几何形体以及简单形体的组合，可以看作体的室内构成物，一般有结构构件、结构节点、家具、雕塑、墙面突出部分以及陈设品等。"体"常常与"量""块"等概念相联系，体的重量感与其造型以及各部分之间的比例、尺度、材质以及色彩都有关，如粗大的柱子表面贴石材和包上镜面不锈钢板，其重量感会大不相同。

（五）形状

形状是形式的主要可辨认特征，是一种形式的表面外轮廓或一个体的轮廓的特定造型，也是我们用以区别两种形态的根本手段。形状一般可分为几类：一是自然形，即用于表现自然界中的各种形象；二是非具象形，指不模仿特定的物体，也没有参照某个特定的主题，只是按照某一程式化演变出来的图形，带有某种象征性意义；三是几何形，有直线形与曲线形两种形态。在所有的几何形中，生成了球体、圆柱体、圆锥体、方锥体和立方体等。

（六）尺度

尺度是由形式的尺寸与周围其他形式的关系所决定的。尺寸是形式的实际量度，也就是它的长度和深度，这些量度决定了形式的比例。尺度对形成特定的环境气氛有很大的影响，人体尺度就是物体相对于人之身体大小给我们的感觉。如果室内空间或空间中各部分的尺寸使我们感到自己很渺小，我们便会说它缺乏人体尺度感；如果室内空间或空间中各部分的尺寸让我们感到大小合适，我们就会说它比较符合人体尺度。尺度较小的空间容易形成一种亲切宜人的气氛；尺度较大的空间，会给人一种宏伟博大的感觉。

（七）比例

在室内设计中，比例一般是指空间、界面、家具或陈设本身的各部分尺寸应有较好的关系，或者是指家具和陈设等应与其所处的空间有良好的关系。不同的比例关系常常会使人形成不同的心理感受，就空间的高宽比例而言，高而窄的空间（高宽比大）常会使人产生向上的感觉，利用这种感觉，建筑空间能产生崇高雄伟的艺术感染力，高而直的教堂就是利用这种空间来形成宗教的神秘感的；低而宽的空间（高宽比小）常会使人产生侧向延展的感觉，利用这种感觉，可以形成一种开阔舒展的气氛，一些建筑的门厅、大堂通常采用这样的比例；细而长的空间会使人产生向前的感受，利用这种空间，可以营造一种深远的气氛。

（八）方位

方位的确定对室内空间的整体格局以及空间的分隔、组织和联系都有很大的影响。当一个物体在室内空间中处于中央位置时，就容易引起人们的注意；当它在空间中发生位置变化时，又可以使空间变得富有变化，具有灵活性。物体的方位变化能使人产生不同的视觉效果和心理感受。

在室内空间中，上述造型元素是需要综合起来共同作用的，它们之间的组合方式多种多样，但设计时必须遵循一定的形式美法则，否则会产生不佳的视觉效果和空间感觉。

二、室内设计中的材质元素

（一）材料

在室内环境中，天然材料由于具有自然的光泽、色彩和纹理，通常会给人以朴实、舒适的感觉。但实际上，室内环境运用更多的是人工材料，大部分人工材料具有机械加工的美感。合理使用人工材料，可以使室内充满美的气氛。

（二）质感

1. 粗糙与光滑

表面粗糙的材料包括石材、未加工的厚木、粗砖、磨砂玻璃、长毛织物等；表面光滑的材料包括玻璃、抛光金属、釉面陶瓷、丝绸、有机玻璃等。

2. 软与硬

纤维织物具有柔软的触感，如纯羊毛织物、棉麻、植物纤维等；硬质材料有砖石、金属、玻璃等，它们多耐用、耐磨、不易变形且线条挺拔。

3. 冷与暖

质感的冷暖表现在身体的触觉感受上，座面和扶手等一些人体接触的表面一般要求使用柔软而温暖的材料。

4. 光泽与透明度

通过一些材料如镜面般光滑表面的反射，可使室内空间感扩大，同时映出丰富的色彩。透明度也是材料的一大特色，常见的透明和半透明材料有玻璃、有机玻璃和纱帘等。

5. 弹性

人们通常会感觉走在草地上要比走在混凝土路上舒适，坐在有弹性的沙发上要比坐在硬面椅上舒服，更能达到休息和放松的目的，这便是一些硬性材料在弹性上所无法达到的效果。

6. 肌理

材料的肌理（或称纹理），有均匀无线条的、水平的、直的、斜纹的、交错的和曲折的等各种纹样。优美的肌理效果可以增加空间形体的细部美感和整体的视觉冲击力。

三、室内设计中的光线元素

（一）自然光应用

科学合理地应用自然采光有利于人的视觉舒适和安全，是最为经济环保的一种采光方式。但是，受建筑条件和昼夜变化的制约，自然光必须辅以大量的人工照明。

自然采光效果主要取决于采光部位以及采光口的面积大小和布置形式，一般有侧光、高侧光和定光三种形式。侧光可以选择良好的朝向和室外景观，使用和维护也较方便，但当房间的进深增加时，采光效果会大大降低，因此需要增加窗的高度或采用双向采光和转角采光来弥补这一缺点。同时，室内采光受到室外环境和室内界面装饰处理的影响，如室外临近的建筑物既会阻挡日光的射入，又会反射一部分日光进入室内。窗的方位影响着室内的采光，当面向太阳时，室内所接收的光线比其他方向要多。窗所用玻璃材料的投射系数不同，室内采光效果也不同。另外，自然采光一般还要采取遮阳措施，以避免阳光直射室内引起眩光和过热的不适感觉。

（二）人工照明

1. 照明方式

照明的方式多种多样，如果按照散光的方式进行区分，一般有间接照明、半间接照明、漫射照明、半直接照明、宽光束的直接照明和高光束的下射直接照明等。

（1）间接照明

这种方式光源遮蔽，光线柔和，不易产生阴影，是比较理想的整体照明方式。

（2）半间接照明

这种方式是将 60% ~ 90% 的光向着顶棚或墙等壁面上照射，使壁面产生主要的反射光源，并将另外 10% ~ 40% 的光直接照于工作面。

（3）漫射照明

这种方式对所有方向的照明几乎都一样，为了控制眩光，漫射装置应大一些，灯的瓦数应低一些。

（4）半直接照明

这种方式是将 60% ~ 90% 的光向下直射到工作面，其余 10% ~ 40% 的光则向上照射。

（5）宽光束的直接照明

这种方式具有强烈的明暗对比，可形成有趣、生动的阴影。

（6）高光束的下射直接照明

这种方式因高度集中的光束而形成光焦点，能起到突出光效果强调重点的作用。

2. 区域照明要求

（1）顶棚区

这是灯具的主要安装区域，在室内光环境中处于从属地位，因此除特殊情况外，一般不宜突出顶棚区，以免喧宾夺主。宴会厅、酒吧、夜总会等餐饮娱乐空间的顶棚处理复杂一些，可以根据需要考虑一些局部的亮度变化和闪烁，以满足功能需求。

（2）周围区域

这是整个室内光环境中亮度相对较低的区域。一般情况下，它的亮度不应超过顶棚区。

（3）活动区

这是人们工作、学习的区域，也是视觉工作的重要区域。该区域的照明首先应满足国家相应的照明规范中有关照明标准和眩光限定的要求；其次，为了避免过亮而产生视觉疲劳，该区域与周围区域的亮度对比不宜过大。

（4）视觉中心

这是室内光环境中一个特定的突出区域，其照明主体通常是该环境中引人注目的部分，如一些富有特色的室内装饰品、艺术品、客厅入口的玄关处等。

3.人工照明的艺术性

（1）创造氛围

光的亮度和色彩是决定气氛的主要因素。暖色光使人的皮肤、面容显得更健康、更美丽，许多餐厅、咖啡馆和娱乐场所常常用暖色光，如粉红色、浅紫色的光，使整个空间具有温暖、欢乐和活跃的气氛，但由于光色的加强，光的亮度会相应减弱；冷色光在夏季会使人感觉凉爽，如青、绿色的光。因此，光线设计需要根据不同气候、环境、建筑以及性格要求来确定。

（2）加强空间感和立体感

室内空间的开敞性与光的亮度成正比，亮的房间显得大，暗的房间则显得小。充满房间的无形的漫射光会使空间有扩大的感觉，而直接光能加强物体的阴影，光影对比能加强空间的立体感。当点光源照亮粗糙的墙面时，我们会觉得墙面质感得以加强。只有通过不同物体的特性和室内亮度的不同分布才能使室内空间显得更有生气。

（3）光影艺术与装饰照明

将各种照明装置用在恰当的部位，生动的光影效果就可以丰富室内的空间，既可突出光的主题，又可表现影的效果，还可以使光影同时展现。

（4）照明的布置艺术和灯具造型艺术

光可以是无形的，也可以是有形的，但灯具大多是暴露在外的，无论有形光还是无形光，都是艺术的表现形式。灯具造型始终是室内设计的一个重要组成部分，有些灯具的设计重点放在支架上，也有些将重点放在灯罩上。不管哪种方式，整体造型都必须协调统一。现代灯具往往强调几何形体构成，在球体、立方体、圆柱体、锥体的基础上加以改造，演变成千姿百态的形式，同时运用对比、韵律等构图原则，达到新颖和独特的效果，烘托室内空间的整体气氛。

四、室内设计中的色彩元素

（一）色彩的基本概念

1. 色彩三要素

色彩具有三种属性，或称色彩三要素，即色相、明度和纯度。这三者在任何一个物体上都是同时显示和不可分割的。色相是指色彩所呈现的相貌，如红、橙、黄、绿、蓝等色；明度是指色彩的明暗程度，其取决于光波的波幅，波幅愈大，亮度也就愈大；纯度也称色彩的彩度或饱和度，是指色彩的强弱程度。

2. 色彩的类型

色彩可以进行调和，但基本的三原色是无法调和的，其他色彩都是以它们为基础扩展开来的。从这个意义上理解，色彩有原色、间色、复色、补色等类型。原色：红、黄、青称为"三原色"，因为这三种颜色在感觉上不能再分割，也不能用其他颜色来调配；间色：其又称"二次色"，是由两种原色调制而成的颜色；复色：由两种间色调制成的色称为"复色"；补色：在三原色中，其中两种原色调制成的补色（间色）与另一原色互称为"补色"或"对比色"。

（二）色彩与视觉感受

1. 色彩在色相上的视觉特征

红色是一种积极的颜色，是所有色彩中最强烈和最有生气的色彩，具有促使人们注意和似乎凌驾于一切色彩之上的力量。橙色兴奋、喜悦、充满活力，比红色柔和，但亮橙色仍然富有刺激性和兴奋性，浅橙色通常使人愉悦。黄色在色相环上是明度级最高的色彩，它光芒四射、轻盈明快、生机勃勃，具有温暖、愉悦和提神的效果。绿色让人感觉大自然中的植物在生长，具有一种生机盎然、清新宁静的生命力和自然力。蓝色与红色相对，蓝色是透明和湿润的，心理上感觉是冷的、安静的。紫色比较有魅力，具有一定的神秘感，精致而富丽、高贵而迷人。白色象征光明、洁净、纯真、浪漫、神圣、清新，同时具有解脱和逃避的特征。灰色是黑白之间的颜色，其作为一种中立，并非两者中的一个：既不是主体，也不是客体；既不是内在的，也不是外在的；既不是紧张的，也不是和解的。黑色具有严肃、厚重、性感的特征。

人们对不同的色彩表现出不同的好恶，这种心理反应常常是人们生活经验、利害关系以及由色彩引起的联想所造成的，也和人的年龄、性格、素养、民族、习惯分不开。例如，看到红色会联想到太阳以及万物生命之源，从而感到崇敬、伟大，还会联想到血，感到不安、野蛮等。

2. 色彩的视觉影响

色彩所引起的视觉影响在物理性质方面的反应主要表现为温度感和距离感。不同色相的色彩可分为热色、冷色和温色。红紫、红、橙、黄和黄绿色称为热色，以橙色最热；青紫、青和青绿色称为冷色，以青色最冷。这些与人类长期的感觉经验是一致的，如红色、黄色让人想到太阳、火等，感觉热，而青色、绿色让人想到江河湖海和绿色的田野、森林，感觉凉爽。一般暖色系和明度高的色彩具有前进、突出、接近的效果，冷色系和明度较低的色彩则具有后退、凹陷、远离的效果。

（三）色彩的对比错觉

1. 色相的对比

当相同纯度和相同明度的橙色分别与黄色和红色对比时，与黄色在一起的橙色显得红，与红色在一起的橙色则显得黄。

2. 明度的对比

当相同明度的灰色分别与黑色和白色同时对比时，与黑色并置在一起的灰色显得亮一些，与白色并置在一起的灰色则显得暗一些。

3. 纯度的对比

当无色彩系的灰色与艳色同时对比时，灰色就会显得更加灰，艳色就会显得更加鲜艳。

4. 冷暖的对比

当暖色与冷色同时对比时，暖色会显得更暖，冷色则会显得更冷。

5. 面积的对比

面积大小不同的色彩配置在一起时，面积大的色彩容易形成色调，面积小的容易突出，形成点缀色。

视觉错觉现象主要涉及形态和色彩两个方面。其中，人们对色彩感觉的错觉主要来自色彩的对比，因为在日常生活中没有独立存在的色彩，色彩总是处于复杂的色彩对比的环境之中。又由于光线的影响，人们对物体的色彩、形状、大小、空间、色相、明度、纯度都会产生错觉，对比越强，错觉就越强。

（四）室内色彩的搭配方法

1. 单色相配色法

这种方法是指室内空间采用某一色相为主，色彩明度和色度可以有所变化。其优点是能创造鲜明的室内色彩形象，产生单纯、细腻的色彩韵味，尤其适用于小空间或静态空间，但应注意避免产生单调感。

2. 类似色配色法

这种方法是指选择一组类似色，通过其明度与彩度的配合，使室内产生一种统一中富有变化的效果。这种方法容易形成高雅、华丽的视觉效果，适用于中型空间或动态空间。

3. 对比色配色法

这种方法是指选择一组对比色，充分发挥其对比效果，并通过明度与彩度的调节以及面积的调整获得对比鲜明而又和谐的效果。

第三节 室内设计的方法和原理

一、室内设计的美学辨析

室内设计美的价值在于实用，是实用与审美的统一，首先在于满足人们对物质生活的需求，其次才是美的需求。因而，再美的室内设计如果不具备实用功能，也就失去了存在的价值和美的价值。室内设计作品的美绝不是为美而美，而是要"适得其中"，这是室内设计的基本美学特征。

室内设计不是纯艺术，与绘画艺术在创作的目的上有着根本差别和不同的评价标准。

室内设计具有精神领域的美学特征，有丰富的审美内涵。它是按照美的规律来造型，传达设计者的设计理念、创意，只有在充分揭示其美学价值时才能得以实现，它运用审美手段去表达设计主题，又通过审美去实现其传递信息的功能。

在艺术的认识、教育、审美三个作用方面，室内设计作品的审美作用占有突出地位，它主要通过审美创造活动达到认识、教育的作用，对人们的思想有潜移默化的影响，给人们以美的享受。

它依靠经过艺术处理的、富有感染力的室内空间形象和造型语言、质感，给人以强烈的、鲜明的视觉感受。一个毫无美感的、缺乏艺术感染力的室内设计作品难以完成它的最初使命。

室内设计艺术重要的美学特征在于"达意"，即正确、真实地表达室内空间本身的个性、特征，通过美表达出"真"（产品的真实可信）和"善"（产品的质地优良）。

"真"是美的基础，这是室内设计艺术表现的重要前提，在商品或服务信息的传递上一切要立足于真实，不虚假和伪善。

"善"是要表达室内空间设计的实用价值，是对社会、消费者的直接功利，实现了善，才可能有美的存在。

"美"必须建立在真、善的基础上，但美最终是为了真、善。只有三个方面高度统一，室内设计艺术的美才能得以充分体现。

二、室内设计的方法

（一）构思与表现

对一个设计的优劣评判往往在于它是否有一个好的构思，所以设计的构思、立意十分重要。设计的主题展现了设计的立意，而设计的主题千变万化，设计的立意要新颖、独特，要敢于标新立异。

设计者要充分利用室内空间，节约能耗，尽量采用无污染或污染少的装饰材料，协调人与自然之间的关系，创造和谐环境。这也是当代设计师共同关注、研究的课题。

艺术家在作画时往往先有立意，经过深思熟虑后才开始动笔。所以，设计师在创建一个较为成熟的构思时，要边构思边动笔，构思与表现同步进行，并在设计前期使立意、构思逐步明确下来。对于室内设计而言，构思要进行具有表现力的完整表达，最终使建设者和使用者都能通过图纸、模型、说明等全面地了解这个设计的意图。

（二）主体与细节

1.功能的主体与细节

把握功能的主体是指在设计时，思考问题和着手设计都应该有一个整体的空间概念，空间的规划应从总体出发，如在进行住宅设计时，首先应该考虑的是空间总体规划，先确定主要的功能空间，再确定次要功能空间。

2.形式的主体与细节

把握形式的主体与细节要遵循"对比统一"的美学原则，在整体的统一中把握细节的变化，同时应注意把握室内空间形式的主从关系，如在住宅设计中，各个空间的造型风格应统一，还要注意不同空间的细节变化。

三、室内设计的程序

（一）设计准备阶段

设计师接受甲方的委托任务书，签订合同。设计师在明确甲方的设计任务和要求之后确定设计的时间期限，调配相关各工种，并根据设计方案的总体要求做出计划安排。

设计师要熟悉与设计有关的规范和定额标准，搜集并分析必要的资料和信息，提出一个恰当合理的初步设计理念以及艺术表现方向。设计师还要根据不同室内的使用功能，创造与之相对应的环境氛围、文化内涵或艺术风格等。

（二）分析定位阶段

所谓设计的定位就是明确设计的方向，主要是根据外部建筑的特点、客户的各项要求、投资的多少和功能使用性质确定。设计师要将调查到的信息进行分类整理，然后加以分析和定位，确定设计的方向。对信息资料的合理处理、研究是确定方案的关键。

在设计方案构思时，设计师需要综合考虑结构施工、材料、设备等多种因素，运用各种装饰材料、设施设备和技术手段，然后规划一个完善、合理的功能分区平面图。

（三）发散性思维创意阶段

发散性思维是一种无逻辑规律的思维活动，灵感产生于瞬间，也消失于瞬间。在设计方案不确定时，每个想法都既独立又有联系，或许还能获得其他派生元素，所以用画笔捕捉瞬间的灵感是必然之举。

设计师通常都具备较强的造型能力，能够充分发挥想象力，展开思考，寻找适合设计定位的造型语言，将想象中的瞬间形态及结构迅速地描绘出来，从局部到整体，再由整体到局部。设计时，发散性思维按照这条思路进行，就能明确目标，对症下药，用一种现代、简洁、明快的表现手法营造出一种视觉感受之外的意境。

（四）方案推敲阶段

发散性思维的成果为方案的推敲提供了依据。设计师的主要工作是对所有的前期成果进行整理，并充实完善。对有些成果可以进行细部分析，确定后将它们定义在同一个范畴内，这就构成了设计方案的原型。这种定义的方式必须进行反复推敲，最终在这些重新组成的定义中找出最接近的设计方案进行定位。

前期成果从最初的一个概念、一个框架、一种假设变为更趋于合理的方案。室内设计在方案推敲阶段采用手绘比使用计算机更便捷，方案推敲的目的在于使方案趋于完善，并不追求绝对精确。

（五）设计初步阶段

设计初步阶段是指在推敲阶段之后进行的方案初步设计，主要包括表现整个空间规划的平面图，主要空间的顶棚、墙面设计图，主要空间的效果图以及设计说明。方案初步设计完成后，应与委托设计方进行充分沟通和交流，然后再进行方案修改调整。这个交流与修改的过程往往会有很多次反复，直至双方基本达成共识。

初步设计方案要求设计师与客户进行交流，方案的表现形式是关键问题，采用何种方法来表现应根据客户要求而定。部分客户是为了解设计方案理念、设计风格的大致方向而和设计师进行沟通、交流的，这时设计师可采用较简单的手绘表现方式；部分客户比较注重图的效果，希望更直观地了解设计方案的面貌，这时设计师可采用计算机绘制效果图的方式，尽量将室内各种家具、装饰、灯光、材质、色彩等制作得更贴近真实场景。

（六）设计深入阶段

在初步设计方案确定后，就要对方案进行深化处理，设计出所有空间的各个界面、家具、门、窗、隔断等，并再次与委托设计方交流，以确定最终设计方案。该阶段同样会出现交流和反复修改，直至最终完成整个设计。

（七）施工图制作阶段

要将设计图纸变为室内空间的实体，就必须通过施工团队依据设计图纸进行制作，这时要提供设计方案的制作方法。

（八）方案实施阶段

施工前，设计人员应向施工单位说明设计意图，对设计图纸要采用的各项技术进行沟通，施工期间，需要按设计图纸要求核对现场施工实际状况，查看匹配性，如果根据现场实况需要对图纸进行局部修改或补充，就由设计单位出具修改通知书，获得双方许可后及时进行修改。待施工工期结束后，施工方应绘制竣工图以供相关部门备案，并会同质检部门和建设单位进行工程竣工验收。

四、室内设计的基本原理

（一）室内设计的布局和流线

1. 室内布局的前提

就具体的室内空间而言，原建筑空间总会存在诸如朝向、采光、通风、私密、开放、主次出入口等客观条件，而各种功能空间对这些方面的要求也各不相同。比如，财务室需要私密，接待室需要开放，某些展示空间要避免自然采光，而大多数工作空间却需要利用自然光线。总之，要将这些功能空间的具体需求尽可能地与建筑区位条件相结合，因地制宜，这也是前期区域布局构思的意义所在。此外，区域布局还与具体空间使用方式有关。比如，办公空间的经理办公室和财务室由于来往密切，在布置时需要尽量靠近；商场空间中每隔一定区位就必须设立一个收银台来满足顾客付款的需求。充分了解使用方后期在空间中的活动方式是合理进行区域布局设计的一个重要前提。

2. 室内设计的流线

对空间布局有了大致的构思以后，就必须根据需求给每个区域划分合适的面积，并利用合理的流线关系将各空间有效地组织起来。流线即人在空间中活动的路线，根据人流量的大小可分为主要流线和次要流线。组织空间序列首先要考虑主要流线方向的空间处理，当然还要兼顾次要流线方向的空间处理，前者应该是空间序列的主旋律，后者虽然处于从属地位，但可以起到烘托前者的作用，亦不可忽视。除此以外，还需要特别注重流线在组织过程中的艺术性表现。完整地经过艺术构思的空间序列一般包括序言、高潮、结尾。

（1）空间序列的特征

①起始阶段

这个阶段为序列的开端，应予以充分重视，因为它与将要展开的心理推测有着习惯性的联系。

②过渡阶段

它既是起始后的承接阶段，又是出现高潮的前奏，在序列中起到承前启后的作用，是序列中比较重要的一环。

③高潮阶段

高潮阶段是全序列的中心，从某种意义上说，其他各个阶段都是为高潮的出现服务的，因此序列中的高潮经常是精华和目的所在，也是序列艺术的最高体现。

④终结阶段

由高潮恢复到平静，恢复正常状态是终结阶段的主要任务，良好的结束又似余音绕梁，有利于对高潮的联想，耐人寻味。

（2）空间布局注意事项

空间序列组织的不同会形成不同的空间关系，并且影响着活动人群对空间的整体感受，因此在组织空间布局时应充分考虑以下几个方面。

①流线的导向性

引导人们沿一定方向流动的空间处理方式，良好的交通流线设计不需要路标或文字说明牌，而是通过空间语言就可以明确地传递路线信息。

②序列长短的选择

这一点直接影响高潮出现的快慢。

③序列布局类型的选择

采取何种序列布局取决于空间的性质、规模和建筑环境等因素。序列布局一般有对称式、不对称式、规则式和自由式。空间序列线路一般分直线式、曲线式、循环式、迂回式、盘旋式和立交式等。

④高潮的选择

在整体空间中，通常可以找出具有代表性的、能反映空间性质特征和集精华所在的主体空间，作为整个空间的高潮部分，成为参观来访者所向往的目的地。

⑤空间构图的对比与统一

一般来说，高潮阶段出现前后，空间的过渡形式应该有所区别，但在本质上还是基本一致的，以强调共性，通常以统一的手法为主。

成熟的设计师往往从布局和流线切入，很快把握整体空间的定位，并且由点及面，游刃有余地进行后期的深化设计。

（二）室内设计的空间限定和组合

1.空间的基本类型

要进行空间的限定和组合，首先要了解空间的基本类型。

（1）开敞空间

开敞空间是流动的、渗透的，其开敞的程度取决于有无侧界面、侧界面的围合程度、开洞的大小及启闭的控制能力等。开敞空间是外向型的，限定度和私密性较小，强调与周围环境的交流、渗透，讲究对景、借景以及与大自然或周围空间的融合。

（2）封闭空间

封闭空间是静止的、凝滞的，有利于隔绝外来的各种干扰，用限定性较高的围护实体包围起来，视觉、听觉等方面都具有很高的隔离性，区域感、安全感和私密性很强。

（3）动态空间

或称流动空间，往往具有空间的开敞性和视觉的导向性特点，能引导人们从"动"的角度观察周围事物。

（4）静态空间

静态空间一般形式比较稳定，采用对称式和垂直水平界面处理，与周围环境联系较少，趋于封闭型，多为对称空间，可左右对称，亦可四面对称，除了向心、离心以外，很少有其他的空间倾向，从而达到一种静态的平衡。

（5）虚拟空间

在室内设计中，通过界面质感、色彩、形状及照明等的变化，常常能限定空间。这些限定元素主要通过人的意识而发挥作用，一般而言，其限定度较低，属于一种抽象限定。虚拟空间就是一种既无明显界面又有一定范围的空间类型，它根据部分形体的启示，依靠联想来划分空间，所以又称"心理空间"。

（6）迷幻空间

此类空间的特点是追求神秘、新奇、光怪陆离、变幻莫测的超现实戏剧化效果，以形式为主，造成一种时空交错、荒诞诙谐之感，在手法的处理上力求五光十色、跳跃变幻，在色彩的表现上突出浓墨重彩。另外，线条讲究动势，图案注重抽象，有时还利用镜面反映的虚像，把人们的视线带到镜面背后的虚幻空间去，产生空间扩大的效果。

（7）固定空间

固定空间是一种功能明确、位置固定的空间，因此可以用固定不变的界面围隔而成，如目前居住空间中常将厨房、卫生间作为固定不变的空间。

（8）灵活空间

或称可变空间，指能根据不同使用功能的需求即刻改变形式的空间，如多功能厅。

2. 空间的基本形态

通常，各种类型的空间在原空间中会被各种限定元素限定出来，其采用的方法有围合、覆盖、凸起、下沉、悬架、穿插和质地变化等，由此产生了各种具体空间的基本形态。

（1）下沉式空间

室内地面局部下沉，在统一的室内空间中便产生了一个界限明确和富有变化的独立空间，由于下沉的地面标高比周围低，所以有一种隐蔽感、保护感和宁静感，使其成为具有一定私密性的小天地。

（2）地台式空间

与下沉式空间相反，将室内地面局部升高也会产生一个边界明确的空间，但其功能和作用几乎与下沉式空间相反，由于地面升高形成一个台座，与周围空间相比变得十分醒目和突出，所以其适宜用于引人注目的展示、陈列或眺望。

（3）内凹和外凸空间

内凹空间是在室内局部退进的一种空间形态，特别在住宅建筑中运用比较普遍，由于凹室通常只有一面开敞，所以在大空间中会少受干扰，形成安静的一角，如把天棚降低，形成清静、安全的氛围。

（4）回廊与挑台

这是室内空间中独具一格的空间形态，回廊常用于门厅和休息厅，以增强其宏伟、壮观的第一印象，并丰富垂直方向的空间层次。

（5）交错、穿插空间

在这种空间中，人们上下活动交错川流，俯仰相望，静中有动，不但丰富了室内景观，而且给室内环境增添了活跃的气氛。

（6）母子空间

母子空间一般采用大空间内围隔出小空间的方式，并用封闭与开敞相结合的办法使空间的空旷感和私密性兼得。

（7）共享空间

共享空间的产生是为了适应各种频繁的社会交往和丰富多彩的生活需要，它往往处于大型公共建筑内的公共活动中心和交通枢纽区域，可以说是一个运用多种空间处理手法的综合体系。

3. 室内空间组合

（1）以廊道为主的组织方式

这种组织方式的最大特点在于各使用空间之间可以没有直接的连通关系，而是借走廊或某一专供交通联系用的狭长空间来取得联系。使用空间和交通联系空间互相分离，这样既能保证各使用空间的相对独立和互不干扰，又能通过走廊把各使用空间连成一体，以保持必要的联系，如宾馆客房、办公楼、学校、疗养院等。

（2）以厅为主的组织方式

这种组织方式一般以某主体空间为中心大厅，各种使用空间呈辐射状与其直接连通。通过改变空间既可以把各使用空间的人流汇集于这个中心，又可以把人流分散到各使用空间中，使大厅负担起人流分配和交通联系的作用，成为整个建筑物的交通联系中枢。从大厅进入任意一个使用空间而不影响其他使用空间，能增强使用和管理上的灵活性。该组织方式比较适合人流集散量较大的公共场所，如大型商场、图书馆、火车站等。

（3）嵌套式组织方式

这种组织方式通过把各使用空间直接衔接在一起的形式组织联系空间，取消了专供交通联系用的空间。该方式可以保持空间各部分之间的连贯性，使各部分空间相互串联贯通，因此经常用于以展示功能为主的空间布局中。

（4）以大空间为主体的组织方式

这种组织方式是在空间布局中以某一体量巨大的空间作为主体，其他空间围绕其周围布置，作为主体的空间往往在功能上较为重要，同时体量上也比较大，从而自然地成为整个建筑的中心。例如，宾馆和酒店的中庭、会议中心的大型报告厅等都可以设计成这样的主体空间。

（三）室内设计的形式美法则

1.均衡

我们在一个房间中走动时，对房间和其部件的构图感觉会有变化，当视点来回动时，我们所看到的空间透视也会随之变化。

（1）对称式

沿一条公共轴或对称轴安排相同的要素、统一的造型、一样的尺寸和相应的位置，以此得到对称式均衡。

（2）放射式

放射式均衡是将各部件围绕中心点布置，形成一种向心构图，将中央地带作为焦点加以强调。

（3）非对称式

为了获得一种微妙的视觉平衡，非对称构图必须考虑视觉分量和构图中每个要素的"力场"，并且运用杠杆原理去安排各个要素。通常，引人注意的是那些造型异常、色彩强烈以及有色质、肌理等特点的要素，能与这样的要素相抗衡的必须是效果较弱但体积较大的或距中心较远的要素。

2.协调

空间设计中最基本的要求就是将所有的设计因素和原则结合在一起去创造协调。当人们处于统一的空间中时，它们传达的是同样的信息。协调的意义即在于体现构图中各部分之间或各部分组合之间视觉的一致性，相似与不相似的各要素经过认真布置后协调而统一。

3.韵律与节奏

（1）连续韵律

连续韵律一般是以一种或几种要素连续、重复地排列而形成，各要素之间保持恒定的距离关系，可以无止境地连绵延长，往往给人以整齐划一的印象。

（2）渐变韵律

渐变韵律即按一定的规律时而增加，时而减小，如波浪起伏，或者具有不规则的节奏感，形成起伏的律动，这种韵律比较活泼且富于运动感。

（3）交错韵律

交错韵律是把连续重复的要素按一定的规律相互交织、穿插而形成的韵律。各要素相互制约，一隐一显，表现出一种有组织的变化。

4. 统一与变化

室内空间设计在强调空间的统一、均衡、协调和韵律的同时，不排除对变化与趣味的追求。均衡以及协调的本意就是要把构图中一些互不相干的特性与要素兼收并蓄，如非对称均衡可使尺寸、形态、颜色和质地不同的各要素获得平衡，具有相同特征的要素产生的协调同样允许这些同类要素具有统一的变化。

5. 对比与微差

对比指的是要素之间的差异比较显著；微差指的是要素之间的差异比较微小。在室内设计中，对比与微差是常用的手法，对比可以借彼此之间的烘托突出各自的特点以求得变化；微差则可以借助相互之间的共性而求得和谐。没有对比，会使人感到单调，但过分强调对比，也可能因失去协调而造成混乱，只有把两者巧妙地结合起来，才能达到既有变化又充满和谐的效果。对比与微差主要体现在同一性质间的差异上，如大与小、直与曲、虚与实，以及不同形状、不同色调、不同质地等。

6. 重点与一般

在室内设计中，从空间限定到造型处理乃至细部陈设和装饰都涉及重点与一般的关系。各种艺术创作中的主题与副题、主角与配角、主体与背景的关系也是重点与一般的关系的体现。

7. 室内空间整体感的形成

（1）母题法

在空间造型中，以一个主要的形式有规律地重复而构成一个完整的形式体系。

（2）主从法

在空间造型的构成中，其主要的设计要素有体量、方向、尺度等。这些要素要有主有从、主次分明。

（3）重点法

在室内空间中，重点突出的支配要素与从属要素共存，没有支配要素的设计将会使空间平淡无奇且单调乏味。

（4）色调法

所谓色调法，就是形成空间的基本色调，通过颜色来统一空间造型。

一般来说，功能是设计中最基本的层面，它反映了人们对室内空间舒适、方便、安全、卫生等各种实用性的要求。我们进行室内空间设计为的就是改善和满足室内空间的功能，使人们感到心理上的满足，继而上升到精神上的愉悦。因此，形式美的法则应在满足空间功能的前提下加以应用，以提升空间的艺术表现力。就其艺术感染性而言，形式美只涉及问题的表象，意境美才能深入问题的本质，形式美只抓住了人的视觉，意境美才能抓住人的心灵，但形式美是通往意境美的一条必经之路，也就是说，我们追求形式美的最终目的还是为了实现空间的意境美。

（四）室内空间造型与界面设计

1. 空间造型的构图要素

室内空间是由点、线、面、体占据、扩展或围合而成的三维实体，具有形状、色彩、材质等视觉要素，以及位置、方向、重心等关系要素。空间的形状直接影响到室内空间的造型，室内空间的造型又受到限定空间方式的影响。同时，空间的高低、大小、曲直、开合等也影响着人们对室内环境的感受。室内空间的形状可以说是由其周围物体的造型边界所限定的，综合室内各组成部分之间的关系，最终体现出室内空间的基本特征。空间造型的构成要素主要有线条、形状和形式、图案纹样、比例和尺度等。

（1）线条

线条包括垂直线、水平线、斜线、曲线等。在表现力上，垂直线刚强有力，具有严肃的或刻板的效果，会使人觉得空间较高；水平线使人觉得宁静、轻松，有助于增加房间的宽度，营造随和、平静的感觉；斜线好似嵌入空间中活动的一些线，具有波浪起伏式的前进状态，充满动感和方向感；曲线的变化几乎是无限的，由于曲线不断改变方向，所以极具动感。

（2）形状和形式

大多数室内作品表现的是各种形式的综合体，各种形状和形式互相补充、相得益彰。

（3）图案纹样

图案纹样千变万化，可以增加趣味，起到装饰的作用，对室内格调的确定也会产生重要影响。

（4）比例和尺度

室内空间是为适应人的行为和精神需求而建造的，因此在设计时应选择一个最合理的比例和尺度，满足人们生理与心理两方面的需要。有些室内空间可同时采用两种尺度，一是以整个空间形式为尺度，二是以人体作为尺度，两种尺度各有侧重，又有一定的联系，但人体的尺度因人的性别及年龄而存在差异，因此并不能当作一种绝对的度量标准。

2. 室内空间的常规界面设计

（1）界面设计的要求

一般来说，底界面、侧面界、顶界面设计的共同要求是耐久性和使用期限；耐燃性和防火性能（现代室内装饰应尽量采用不燃或难燃的材料，避免采用燃烧时释放大量浓烟和有毒气体的材料）；无毒（指散发气体和触摸时的有害物质低于核定剂量）；无害，低于核定放射剂量（如某些地区所产的天然石料，具有一定的氡放射量）；易于制作安装和施工，便于更新；必要的隔热保暖、隔声吸声性能；装饰及美观要求；相应的经济要求。

此外，界面装饰材料的选用应精心搭配，优材精用，除了要注意材料的组装和再利用以外，还要考虑便于施工、安装和更新等方面。在出产材料的地区，适当选用当地材料，能减少运输成本，相应降低造价，并使室内装饰具有地域风情。

（2）底界面的装饰设计

室内空间底界面一般是指楼地面。楼地面的装饰设计首先要考虑使用上的要求：普通楼地面应有足够的耐磨性和耐水性，并便于清扫和维护；浴室、厨房、实验室的楼地面应有更高的防水、防火、耐酸、耐碱等能力；经常有人停留的空间，如办公室和居室等，楼地面应有一定的弹性和较小的传热性。对某些楼地面来说，也许还会有较高的声学要求，为减少空气传声，要严堵空洞和缝隙；为减少固体传声，要加做隔声层等。

楼地面面积较大，其图案、质地、色彩会给人留下深刻的印象，甚至影响整个空间的氛围，因此必须慎重选择和调配。楼地面的装饰材料种类很多，通常有水泥地面、水磨石地面、陶瓷砖地面、天然石地面、天然木地板地面、复合地板地面、PVC卷材地面、橡胶地面、油漆地面、玻璃地面和地毯等。

（3）侧界面的装饰设计

侧界面包括墙、门窗、各种隔断、柱子等纵向的各个空间部分，是人在空间中视域最直接涵盖的部分，对整体空间的效果影响最大。从使用上看，侧界面可能会有防潮、防火、隔声、吸声等要求，在使用人数比较多的大空间内还要使侧界面下半部坚固耐碰，便于清洗，不致被人、推车、家具弄脏或撞坏。侧界面是家具、陈设和各种壁饰的背景，要注意发挥其衬托作用，如有大型壁画、浮雕或艺术挂毯，应注意其与侧界面的协调，保证总体格调的统一。

侧界面装饰材料通常有水泥砂浆、乳胶漆涂料、油漆涂料、墙纸、墙布、人造革及织锦缎饰面、铝板、塑铝板、防火板、PVC板贴面、木夹板贴面、陶瓷面砖、花岗岩、大理石、镜面砖或玻璃等。

与实墙相比较，隔断限定空间的程度比较小，形式也更加灵活多样。有些隔断不到顶，因此只能限定空间的范围，难以阻隔声音和视线；有些隔断可能到顶，但全部或大部分使用玻璃或花格，阻隔声音和视线的能力同样比较差；有些隔断是推拉的、折叠的或拆装的，关闭时类似隔墙，可以限制通行，也能在一定程度上阻隔声音或视线，但可以根据需要随时拉开或撤掉，使本来被分隔的空间再连起来。隔断的常规形式一般有隔扇、罩、博古架、屏风、通透隔断、折叠隔断等。

第一，隔扇。传统隔扇多用硬木精工制作，上部称格心，可以做成各种花格，用来裱纸、裱纱或镶玻璃；下部称裙板，多雕刻吉祥如意的纹样，有的还镶嵌玉石或贝壳。

第二，罩。罩起源于中国传统建筑，是一种附着于梁和墙柱的空间分隔物。两侧沿墙柱向下延伸，落地者称为"落地罩"，具体名称往往依据中间开口的形状而定，如圆光罩（开口为圆形）、八角罩（开口为八角形）、花瓶罩（开口为花瓶形）、蕉叶罩（开口为蕉叶形）等。两侧沿墙柱向下延伸一段不落地者称"飞罩"，其形式更显轻巧。现代室内设计中，罩作为一种灵活、虚拟的空间分隔物依然被广泛应用，但造型更为简洁。

第三，博古架。博古架是一种既有实用功能，又有装饰价值的空间分隔物，实用功能表现为能陈设书籍、古玩和器皿，装饰价值表现为分格形式的美观精致，室内设计中很多用于分隔空间的橱柜都是由其演变而来的。

第四，屏风。屏风有独立式、联立式和拆装式三种。独立式靠支架支撑其直立，经常被作为空间的背景；联立式由多扇组成，可由支座支撑，也可以铰接在一起，或拆装成锯齿形状而直立。

第五，通透隔断。通透隔断是由杆件、玻璃或花饰等要素构成的，可以限定空间范围，具有很强的装饰性，大都不阻隔声音和视线。

第六，折叠隔断。折叠隔断可以用木材、玻璃、铝合金等材料制作，隔扇的宽度一般为 40 ~ 80 cm，隔扇顶部的滑轮可以放在每扇的正中，也可以放在扇的一端。前者由于支撑点与扇的重心重合在一条直线上，地面上设不设轨道都可以；后者由于支撑点与扇的重心不在一条直线上，故一般在顶部和地面同时设轨道，这种方式适用于较窄的隔扇。

另外，在空间的侧界面中，有些部分虽然面积不大，但对空间起着画龙点睛的作用，有时还会成为侧界面的视觉重点，如门、窗、柱子等。门的种类很多，按材料分，有木质门、钢门、铝合金门和玻璃门等；按用途分，有普通门、隔声门、保温门和防火门等；按开启方式分，有平开门、弹簧门、推拉门、转门和自动门等。柱子的造型一般要与整个空间的功能性质相一致，在娱乐场所可以华丽新颖，在办公场所要简洁明快，在候机厅、候车厅、地铁等场所应坚固耐用，有一定的现代感。柱子过高、过细时，可将其横向分段；柱子过矮、过粗时，可采用竖向划分，以减弱短粗的感觉；柱子粗大且很密时，可用光洁的材料，如用不锈钢、镜面玻璃做柱面以弱化它的存在，或让它反射周围的景物，从而融入整个环境中。

（4）顶界面的装饰设计

顶界面几乎毫无遮挡地暴露在人们的视线内，是三种界面中面积较大的一种界面，并且包含了许多设备设施，会极大地影响环境的视觉效果与使用功能，所以设计时必须从环境性质出发，综合各种要求，强化空间特色。设计时首先要考虑空间的功能要求，特别是照明和声学方面的要求，这在剧场、电影院、音乐厅、美术馆、博物馆等建筑中尤为重要。顶界面上的灯具、通风口、扬声器和自动喷淋、烟感报警器等设施也应纳入设计的范围，设计时要特别注意灯具的配置，因为这既影响空间的体量感和比例关系，又能使空间具有或豪华、或朴实、或平和、或活跃的不同气氛。

顶部吊顶通常有平顶、造型顶两种形式，有时也可以直接暴露原建筑结构顶和设备管线，利用深色涂料弱化顶面的视觉效果，辅以局部吊顶形成空间的三维关系。顶界面常用的装饰材料一般有石膏板、矿棉板、硅钙板、水泥板、金属压型板、金属穿孔板、铝扣板、塑铝板、金属板、铝格栅、木质夹板、涂料、墙纸、墙布、PVC 板等。

五、室内设计的思潮

（一）理性主义

理性主义形成于两次世界大战之间，理性主义因为十分强调功能，所以也有"功能主义"之称，又因其不论在何处均以一色的方盒子、平屋顶、白粉墙、横向长窗的形式出现，又被称为"国际式"。由于讲求技术精美，理性主义成为战后第一个阶段（20 世纪 40 年代末至 20 世纪 50 年代下半期）占主导地位的设计思潮。理性主义在设计方法上属于比较"重理性"的一类，人们常把设计风格中的纯净、透明与施工精确的钢和玻璃方盒子作为这一风格的代表。"二战"后，这种风格依然占据一定地位。

理性主义的设计原则有下列几点：①要创时代之新，强调突破旧传统，主张创造新功能、新技术，特别是新形式。②建筑与空间具有艺术与技术的双重性，提倡两者结合，同时重视功能和空间组织，主张发挥结构构成本身的形式美。③反对外加装饰，提倡美应当和适用以及建造手段（如材料与结构）结合，造型要简洁。④尊重材料的性能，讲究材料自身的质地和色彩的搭配效果。⑤强调非传统的以功能布局为依据的不对称的构图手法。

（二）粗野主义

粗野主义是 20 世纪五六十年代喧噪一时的建筑空间设计倾向，其美学根源是战前现代建筑中对材料与结构的"真实"表现，主要特征在于关注材质本身的特点。

1952 年，理想中的"联合公寓"落成，这是一座长 165 m、宽 24 m、高 56 m、18 层的大型钢筋混凝土建筑体，可容 337 户约 1 600 个人居住。它完全依据"新建筑五要点"和"不动产别墅"的要求建造。它的底部被高高架起，可用于停车，屋顶是空中花园，还设有幼儿园、托儿所、儿童游戏场、游泳池、健身房和一条 300 m 长的环形跑道。第八、第九层还有商店、餐馆、邮局等公共服务设施。20 世纪 30 年代后，逐渐调整了追求机器般简洁、精致的纯粹主义设计方案，增加了感情色彩在设计中的应用。这座大楼的外观直接将带有模板印迹的混凝土的粗糙表面暴露在外，许多地方还做凿毛处理，这是粗野主义美学观在建筑设计领域最早的体现。

（三）典雅主义

典雅主义致力运用传统的美学法则使现代的材料与结构产生规整、端庄与典雅的庄严感。因为一些建筑师的作品使人联想到古典主义或古代的建筑形式，所以典雅主义又称"新古典主义""新帕拉蒂奥主义"或"新复古主义"。典雅主义在某些方面具有讲究技术精美的倾向，但它更关注钢筋混凝土梁柱体系在形式上的精美呈现。20 世纪 60 年代下半期，典雅主义的潮流开始降温，但由于它比较容易被人接受，故至今仍时而出现。

（四）工业主义

工业主义是指设计具有高度工业技术的倾向，以及那些不仅在建筑空间中坚持采用新技术，而且在美学上极力鼓吹表现新技术的倾向。广义地说，其包括战后"现代建筑"在设计方法中所有"重理性"的方面，确切地说，工业主义在 20 世纪 50 年代末才活跃起来，其把注意力集中在创新地使用预制的装配型标准构件方面。

（五）多无论

芬兰的阿尔托被认为是北欧人情化和地方性的代表人物，他有时用砖、木等传统建筑材料，有时用新材料和新结构。在采用新材料、新结构和机械化施工时，他总是尽量把它们处理得"柔和些"和"多样些"，就像阿尔托在战前曾为了消除钢筋混凝土的冰凉感，在上面缠上藤条，或为了避免机器生产的门把手有生硬感，而将其造成像人手捏出来的样子那样。在建筑造型上，他也不限于直线和直角，喜欢用曲线和波浪形；在空间布局上，他主张不要一目了然，而要多层次、有变化，让人在进入的过程中逐步发现；在房屋体量上，他强调人体尺度，反对"不合人情的庞大体积"。

（六）未来主义

工业、科学、交通的发展突飞猛进，人类精神世界的面貌发生了根本性的变化，机器和技术、速度和竞争已成为时代的主要特征。因此，他们宣称追求未来，主张和过去截然分开，否定以往的一切文化成果和文化传统，鼓吹在主题、风格等方面采取新形式，以符合机器和技术、速度和竞争的时代精神未来主义者强调自我，非理性、杂乱无章和混乱是其设计风格的基本特征。

（七）高技派

高技派设计师声称，所有现代工程中 50% 以上的费用都应是由供电、电话、管道和空气质量服务系统产生的，如加上基本结构和机械运输（电梯、自动扶梯和活动人行道），技术可以被看作所有建筑和室内的支配部分。这种观点使这些系统在视觉上明显地和最大限度地呈现出来，这导致了高技派设计的特殊形式。

（八）解构主义

未建成的解构主义作品的图样和模型是断裂、松散、撕开后混乱地重新组合起来的，它旨在将任何文本打碎成部分以提示表面上不明显的意义。

第二章 现代室内设计的影响要素

第一节 环境与人文因素

在进行室内设计过程中，情感和个性的充分表达往往都是通过对空间印象以及环境气氛得以体现出来的。首先，需要空间内在和外在环境处于一种平衡的对应关系；其次，则需要人文底蕴的衬托。本章主要论述的是现代室内设计的影响因素，主要包括两个方面的内容，即环境与人文因素和室内设计师及造型表现。

一、环境因素

（一）环境氛围的想象

1.环境气氛的意境

环境气氛的意境主要是指处于室内环境精神功能的最高层次，也属于对形象设计最高的要求。这种境界通常都是环境具有一个特定的氛围或者具有比较深刻回忆的寓意。

2.环境的印象

环境的感觉通常都属于印象的一种，氛围通常也更加接近于个性，可以在一定的程度层面体现出该环境和彼环境之间都具有的不同个性的东西。我们一般所说的轻松活泼、庄严肃穆、安静亲切、欢快热烈、古朴典雅等，都属于对环境氛围的表述。

环境气氛到底属于哪一种氛围，主要是根据其用途与性质所决定的。在空间氛围中，还和人的职业、年龄、性别、文化程度、审美情趣等存在着十分紧密的关系。

3. 环境表象的联想与加工

设计思维最重要的是表现在对环境的联想过程之中。可以这么说，联想通常都是人的头脑中对已经储存的表象做出加工改选，形成了全新形象的一个重要心理过程，在知觉材料基础上，经过全新的配合从而就能创造出全新形象的一个心理过程。它主要是人类独特地对客观世界的一种直接的反映形式，是一种十分特殊的思维形式。联想和思维都存在着十分密切的关系，它们也是一个非常高级的认知过程，都产生于问题的情景，都是由个体需求推动的，并且还可以预见未来。它可以突破时间与空间的束缚，达到了"思接千载""神通万里"的境界。依据创造性程度的不同，想象也可以分成两种形式，即再造想象与创造想象。再造想象主要是指主体在经验记忆的前提下，在头脑中再现客观事物的表象；创造想象不是再现现成的事物，而主要是创造出一个全新的事物形象。

（二）环境因素的意义

在建筑建造、装配以及翻新的过程中，都会对自然资源造成过度开采，温室气体大量排，放甚至是室内装饰常常也会采用一些由化合物制造的、使用并且废弃所引起的卫生问题，都对现在我们的日常生活环境造成了从未有过的巨大压力。

木材特别是有一些硬木树种制作的木料，正是因为家具制造的需要而逐渐遭到砍伐，其消耗速度要比它们的生长速度快很多。所以能够预见，这些树木的种类也会在未来遭到灭绝。我们对自然资源以及能源的过度利用在之前的几十年中已经出现了极大的增速，已经大大超过了历史上的任何一个时期。所以，人类只有从现在起就逐渐有意识地去改变当前的生活方式，才有可能会避免让这一问题变得更糟。退一步来看，即便是在接下来的几十年时间内，我们人类对于自然资源与能源的消耗速率不变，因为地球人口在持续地增加，地球资源将仍然面临着非常巨大的压力。虽然在过去的几十万年时间内，地球的温室气体含量也表现出了周期性的波动，之前的二氧化碳水平则要比过去的时间高出很多，并且预计还将会以一种更为迅速的速度持续增长。当前，向地球大气层中排放的二氧化碳最低有一半主要是因为建筑物建造以及使用功能所形成的。所以，相关的法律法规制定也正在被逐步引进以便能促使上述相关问题得到解决。但是，在这些比较残酷的现实面前，室内设计师往往都能担负十分重要的义务。设计师能够在工作过程中和客户、承包商进行协商，设计出对室内环境最为有利的作品。

（三）自然环境之美的获得

1. 自然元素

自然界中存在着非常多的元素都是设计师设计的主要灵感来源，如植物、动物皮毛、海洋、山川等。大自然充满着无限的巧妙之处，并非是人设计出来的，当人们置身在美丽的大自然之中时，想象、观看、感悟大自然的无限力量，人们通过对风、雨、阴晴、四季、山川河流等都做出了十分有效的观察，可以积累出非常多的设计材料。独特的植物造型与大自然间存在的和谐色调通常都会给设计师带来无穷的灵感启发。

设计源于自然但是又高于自然，设计主要是为人类而服务的。人类从自身有意识地设计着手，自始至终都在持续地从自然中进行学习，从自然元素中汲取有效的灵感。人类模仿大自然并非是单纯地进行照抄照搬，而主要是模拟万物的生长机理，遵循一切大自然生态的基本规律，创造出一种结合了设计对象的自身特征以便能够适应新环境的设计方法。通过灵感的产生一直到作品的完成，都属于一个十分复杂的创造性思维，其具体的方法主要能够归纳成两种形式，即拟形和仿生。

2. 拟形设计

拟形设计的方法主要是通过对自然界中的物象进行模拟或者是通过其自然形态等进行寄寓、暗示或者折射出某种思想情感，这种情感的形成通常都需要通过一定的联想，通过借物手法来达到再现自然的直接目的，而模拟的主要造型特征通常也都会引起人们美好生活的回忆和联想，进而能进一步丰富空间的艺术特色和思想寓意。

从某种意义上来看，空间应该属于具有某种文化内涵的重要载体，承载着精神层面的寄托，而并非具备其使用功能的直接作用。在不违反人们正常使用的原则基础上，充分运用拟形创作手法，借助现实生活中一些比较常见的某种形体、形象或者仿照生物的某些基本形体特征，对空间做出创造性的构思，能够设计出神似于某种形体或者符合某种生物学原理以及特征的空间。拟形能够为设计者以多个方面的提示和启发，使空间造型都具有一种非常独特的生动形象与鲜明的个性特点，能够使人们在观赏与使用过程中形成对某事物的联想，体现出特定的情感和趣味。因为这是一种非常直观和具象的形式，因此比较容易获得使用者或者观赏者的进一步理解和共鸣。

3.仿生形态再现

从仿生形态再现所表达出来的程度与特征方面来看，仿生同样还能够分成具象仿生与抽象仿生两种类型。具象仿生是忠实地将仿造的对象形体以及组织结构很好地再现了出来，将大自然所蕴含的相关规律当作人造的生活以及工作环境的重要基础。

二、人文因素

（一）功能与人的因素

室内设计主要是要履行它预期的功能：充分满足使用者的基本需求，人类才可以很好地生存下去。在设计工作的最初时期，需要对空间功能进行比较认真地思索。决定空间的功能时，人的因素已经成为首要的考虑要素，这主要是室内设计的首个目标。例如，孩子、老人等具有特殊需要的使用者，在进行室内设计的时候需要考虑到人的因素的内容是各不相同的。

从心理学的角度进行分析，人类对于空间的比例尺度通常追求的是舒适，需要从建筑顶面的高度、墙面宽度以及结构支撑等多个方面进行考虑。空间过大或者过小，使用者往往都会感觉心理上不太适应。自然，满足人在心理需要的基础上，同样也能涉及其他的设计要素，主要包括造型、色彩、灯光、材料选择与搭配等。

室内空间与固定设备设施的尺寸不仅需要很好地满足使用者的比例大小，同时还应该符合其生理层面的需求，而且还依据其功能的需要设置一定比例的储存空间。例如，休闲椅不但需要满足使用者放松状态对于尺寸的基本要求，同时还应该和桌子的高度相互匹配，同时，台灯也需要具备足够的照度，但是要保证没有眩光。

设计师创造出来的环境不但能够充分满足客户的基本需求，并且使用起来也一定是安全的，这就要求设计师一定要遵守相应的建筑法规。不管是室内空间看起来美观与否，假如不能在安全的基础上有效地满足使用者对于室内空间活动与功能的基本需要，那么设计往往都是失败的。

（二）人体工程学的应用

1. 人体工程学的含义和发展

人体工程学主要是以人、物、环境作为直接的研究对象，分析它们相互之间存在的关系、影响的学科。因为其学科的内容大多是综合性、涉及范围非常广泛以及学科的侧重点也不同，学科的命名以及界定同样也是各不相同的。

人体工程学主要是源起于欧美地区，作为一门独立的学科，其已经有了长达几十年的发展历史。在第二次世界大战中，为了能够充分发挥出武器的效能，减少操作事故，开始把人体工程学的基本原理与方法充分运用到坦克、飞机内舱的设计之中去，使人可以在舱内更加有效地进行操作与战斗，进而进一步减少人员在狭小空间中进行作业的疲劳感，并能很好地改善人—机—环境之间的矛盾关系。

人体工程学主要强调的是从人自身方面出发，在以人为主体的发展基础上去研究人的衣、食、住、行和所有生活、生产过程之中的综合分析新思路。而由国际人类工效学联合会（IEA）给出的定义则被认为是档期内最具有权威的定义，也就是人体工程学主要研究人在某一种工作环境之中的解剖学、生理学以及心理学等多个方面所具备的各种因素，研究人与机器以及环境之间的相互作用，研究在工作过程中、家庭生活过程中以及休假过程中如何统一考虑工作的基本效率、人的健康、安全与舒适等相关问题的学科。

结合我国人体工程学的发展现状以及室内设计，其含义可以总结为：以人为主体，运用人体测量学、生理学、心理学和生物力学等学科的研究手段和方法，综合研究人体结构、功能、心理、力学等方面与室内环境各要素之间的合理协调关系，以适合人的身心活动要求，取得最佳的使用效能，其目标应是安全、健康、高效能和舒适。

2. 人体尺度

（1）静态尺寸

静态尺寸主要是指被测者在一个相对较为固定的标准位置经过测量所得的躯体尺寸，也可以称为结构尺寸。人体的静态尺寸通常都是室内家具尺度设计的重要依据，同时也是室内设计过程中空间尺度的重要参考依据。室内的房间、窗台、墙裙的高度，门的高度以及宽度，楼梯的宽度，踏步的高度和宽度等，都需要对人体结构的尺度进行测量。

（2）动态尺寸

动态尺寸主要是指被测者需要在活动的状态下测量出来尺寸，也将其称为功能尺寸。人在进行各项活动的时候也需要有充足的活动空间，但是室内的活动主要是依据空间的使用功能，通常都有单人活动、双人活动、三人活动和多人活动等区别，这些活动主要包括行走、坐、卧、立等形式，有些活动通常也会出现在同一个位置上的多种姿势，这些人体活动的数据进一步能够构成动态尺寸。人在室内的尺寸通常都属于一个"常数"，它能够直接反映出人在不同室内活动的时候所占据的空间尺度。这是室内设计师一定要充分考虑的内容，对常量随意加大或者缩小往往会使人在空间内感到不适。

（三）人体工程学在室内空间中的作用

1.为确定人在空间的活动范围提供参考

相关人员按照人体工程学内所包含的相关测量数据，结合空间在使用功能上的作用，以人体的尺度、活动空间大小、心理空间和人与人之间交往的空间大小等相关因素为主要依据，确定好空间的合理范围。在公共办公空间，则需要依据双人通行的尺寸来确定各排办公桌椅之间的通过距离。

2.为确定家具尺度和使用范围提供参照

无论是坐卧类家具还是储藏类家具，都需要保证舒适、安全、美观的形式，所以它们的尺度一定要依据人体的功能尺寸以及活动范围进行确定，以便能够满足人们的生理、心理需要。同时，人在使用这些家具的基础上，四周一定要留出充分的活动区域以及空间。例如，写字台和座椅间一定要留出足够的空间，以便能够让使用者站立和活动。而餐桌和餐椅间除了应留出来基本的活动空间之外，还需要为上菜者以及其他的通行人员留出适当的空间。这些都需要设计师严格根据人体工程学中的尺度做出有效的设计。

3.提供适应人体的室内物理环境的最佳参数

室内物理环境重点可以分为室内热环境、声环境、光环境、辐射环境等。设计师在充分了解这些参数之后，能够做出比较符合要求的方案，进而让室内空间环境变得更为舒适、宜人。

除此之外，设计师在进行室内设计的时候还应该高度注意下列几个方面的问题，即哪类尺寸根据比较高的人群确定，哪类尺寸则根据比较矮的人群进行确定。

尺度主要根据较高人群进行确定的包括：门洞高度、室内高度、楼梯间顶高、栏杆高度、阁楼净高、地下室净高、灯具安装高度、淋浴喷头高度、床的长度。这些尺寸通常都是根据男性身高上限加上鞋的厚度进行确定的。

尺度根据比较矮的人群进行确定的主要包括：楼梯的踏步、盥洗台的高度、操作台的高度、厨房的吊柜高度、搁板的高度、挂衣钩的高度、室内置物设施的高度。这些尺寸通常情况下都是根据女性人体的平均身高加鞋的厚度进行确定的。

（四）文化的因素

1. 生活方式的不同

在世界各地，由于社会发达程度和文化背景、历史传统的不同，不同地区的人会有不同的生活方式。而不同的生活方式会以不同的形式经过不同的途径来影响空间环境的尺度。如高坐具与席地而居的不同对建筑空间尺度的影响；传统的农耕手工业式的生活与现代化生产、交通对城市的不同影响。

2. 传统建筑文化

在传统建筑文化中，有很多因素是由纯观念性的文化因素控制，建筑的形制、数字的选择，经常会有一些观念性的东西掺杂其中。不论是东方还是西方建筑，这种由文化观念影响的建筑形态与尺度的例子很多，如哥特式建筑的高耸式空间。

我们说过，尺度实质是空间环境与人的关系方面的一种性质，就此而言，它是第一重要的，因为人居空间环境的存在，是为了让人们去使用去喜爱，当人居空间环境和人类的身体及内在感情之间建立起紧密和间接的关系时，建筑物就会更加有用，更加美观。

第二节　室内设计师及造型表现

一、室内设计师的素养

（一）室内设计师的综合素养

1. 良好的艺术素养

设计师要具有很好的创新意识以及比较开阔的艺术思维能力，具备自身十分敏锐的艺术觉察能力与鉴赏力，关注国内外的设计艺术以及其他有关艺术活动的发展动态，充分了解视觉艺术历史的发展以及艺术风格、流派的重要演变过程，善于捕捉全新的艺术思潮与发展方向。设计师同时也应该具备很好的文化修养，对艺术也需要有非常高的欣赏能力与鉴赏水平，以便可以从各类艺术中汲取丰富的营养，启发创作的思维与灵感。

2. 专业设计知识和造型艺术能力

室内设计通常都是一种综合性比较强的创造表现。设计师对于空间环境的组织与处理通常都是首要的。所以，设计师需要具备空间环境的基本认识以及设计的想象力，充分掌握和室内设计相关的建筑、室内设计的基本知识，了解与此有关的法律与规范。设计师同样也需要充分了解建筑和室内设计所需要的基本原理与常用手法，除了能够具有建筑与室内设计的一般制图与识图能力之外，还需要懂得相关的法律法规，可以按照国家与行业的基本规范，应用技术性的语言来表达自己的设计意图。此外室内设计的信息传达功能可以要求设计师应该理解视觉传达方面的基本原理，充分掌握视觉传达的基本语言，具备特定的平面设计能力。比较强的美术设计与造型能力通常都是室内设计工作所必备的基础，熟练地运用效果图以及各种设计表现技法，形象地表达出自己的主要设计意图，也属于设计师和外界相互交流的需求。

3. 对新技术的了解与认识

室内设计师通常都需要破除固有的思维模式以及表现手法，并且还擅长运用新科技成果，在室内设计过程中需要体现出科技发展的前沿性。电子科技以及计算机多媒体技术往往都会在室内艺术中存在非常广泛的应用空间与发展前景。在计算机技术迅速发展的现代社会，室内设计师往往都需要应对各种计算机技术在设计领域应用过程中存在的可能性，并进行大胆的尝试，不断探索。

4. 公关协调能力与合作意识

室内设计主要是一项涉及多种专业技术和社会层面的工作，必然要与各种相关的人员打交道。在设计市场变化的今天，现代设计师应该具有经营和服务意识。设计师是用自己的设计作为产品，因此要善于与外界沟通，推销自己和自己的设计图，赢得他人的信任。

一项设计工作，通常都是在诸多专业人员的共同努力下，特别是在一些大型的公共空间室内项目设计负责人，应该具有非常好的组织能力以及公共关系协调能力，善于统筹规划，协调各个部门、各个环节之间的工作进展，具有非常强的人际交往能力与合作意识。

（二）室内软装饰设计师的职业素养

1. 良好的修养和气质

室内软装饰设计属于一个竞争性比较强的职业，室内软装饰设计师一定要对室内软装饰设计具有非常独特的个性见解，对色彩的搭配与应用同样也需要有自己比较敏锐的眼光，具有典型的市场分析能力，负有比较强的责任心和语言表达能力，而且还要具有很好的团队合作精神和承受压力，敢于挑战自我的顽强精神。科技的进步也使新材料、新产品得到快速涌现，这要求设计师一定具有准确把握材料信息以及应用材料的能力——及时把握住材料的基本特性，探索出其实际的用途，拓宽设计的思路，紧随时代发展的步伐。

2. 出众的艺术审美和创新能力

一个优秀的设计师除了应该具备十分渊博的知识以及极为丰富的经验之外，还应该擅长观察、捕捉生活之中的美的现象以及美的形式，更要有超前的敏感性、强烈的求异性、深刻的洞察力，可以以超越一些常规的思维定式与反传统的思想观念，挣脱习惯势力带来的束缚，培养出出众的艺术审美能力。

3. 较强的徒手绘画能力

每个专业的室内软装饰设计师，都应该具有非常优秀的草图描绘与徒手作画的能力。在和客户进行洽谈时，单单依靠语言是不能使客户完全信服的，脑中还应先出现一个大概的框架，要可以徒手将设计理念表达出来，在绘画时下笔也应该快速而流畅，迅速地勾勒并进行渲染，这样的交流才会十分顺畅，增强直观性，增加说服力。

4. 良好的人际交往和沟通能力

设计属于服务性行业，主要是为大众服务的。设计师除了必须拥有的优秀创意进而历经苦苦思索的方案之外，还一定要具备非常好的人际交往和沟通能力。在和客户沟通的时候，设计师一定要非常清晰地表达出自己的设计意图与设计思想，使客户容易理解，这是方案达成并且得以顺利实施的关键所在。

5.室内软装饰品的制作能力

作为一名优秀的软装饰设计师，一定要具备良好的动手创作能力，这一点同样也是软装饰设计师艺术修养和个人素质的直接体现，由于装饰创造出来的通常都是艺术美和生活美，介于实用和艺术二者之间。

二、室内造型设计表现

（一）空间规模

要用一句话来论述室内的规模大小是很困难的。这里既有物品的储藏、布置日常生活起居的必要空间的意义，也有在心理上不存在压迫感的空间的意义。另外，还有座位的数量、厕所数量等以收容能力或服务能力表示的建筑规模。在这里把室内的规模分为有关功能性、知觉性的空间大小的空间规模和有关收容能力、服务能力的设施的规模。

有关空间规模问题，与室内关系最密切的是为适应各种生活行为所需的空间功能的尺寸。单位空间的大小首先要由这种因素的空间集约体来评价，但仅按这样的标准划分空间的大小是成问题的。因为与空间大小的评价有关的还有人们的心理与感觉。

另外，如同根据听清声音的程度来确定剧场或音乐厅的大小一样，由知觉、感觉来直接限定空间规模的也是一个重要因素。对于规定了特定行为的空间，通过整理归纳其规模、水准，可以作为人口密度及人均面积的参考。

（二）设施规模

设施规模是按以设施的服务能力评价空间规模的手法。在公共设施及商业设施中具有重要意义，它是根据统计概率的方法，确定使用者使用满意、方便的设施规模（例如厕所的数量、可利用的窗口的数量等）。因此，设计者应该掌握潜在的使用者的需求、使用者的行为特性及使用者所受服务的实况（例如男女洗手间的区别）。所谓等待排列的手法，就是把使用者从到达后接受服务到离去为止的一系列行为作为规范的方法。在应用某种概率到达分布及服务时间分布的条件下，对如何缩短等待时间和等待排列长度进行评价，从而决定服务窗口的数量。这样的分析现在采用计算机进行模拟。

（三）室内造型设计形式

1. 旅馆室内造型设计

（1）向往新事物

旅客在外出旅游观光的时候，通常都是选择从没有到过的地方，希望通过旅游，在异国他乡可以看到一些比较新奇的事物。以便能够获得新鲜信息，满足猎奇的心理，不然就感到十分乏味，甚至扫兴。

从某种意义上讲，建筑空间犹如一种容器，不过这种容器所容纳的不是具体的物，而是人的活动。为此，它的体量大小必然因活动的情况、功能不同而大相径庭。

（2）向往自然，调整心态

外出旅游、度假，对于人们在日常生活中时常处于紧张工作状态的情况而言，恰恰是生活中的一种自我调节，尤其是希望和大自然保持更亲密的接触，得到大自然的阳光、空气、水的沐浴，享受秀丽的湖光山色，让生活变得更加轻松愉快，身心都能够获得调整，使自己的精神、体力都获得恢复，以便可以迎接未来全新的挑战。

（3）增进知识，开阔眼界

扩大眼界是旅游者的常见心理状态，外出旅游的主要举措就属于一种进取、积极的心理表现，不管是男女老幼或者是从事不同职业的旅客，都希望能够进一步扩大自身的知识范围并且让业务能力得到进一步的提高，所以，对和自己工作相关的事物也会更加敏感、更感兴趣。通过完全不同的信息交流，增长知识和才干，有利于自己未来从事工作的进一步发展。

（4）怀旧感与多情观念

怀旧心理与乡情观念，一直都是古今中外人类心理层面存在的共同特征。旅游者除了要选择一个风景名胜之外，分布在各地的历史博物馆、名胜古迹、古玩市场等，普遍都会发展成为旅游的热点位置。现代人只有可以同时向前看与向后看，才可以找到属于自己的确切位置，这也是理所当然的。

2. 居住建筑室内设计

居住空间主要是为居住在一起的、以家庭为居住单位的人群提供的一种居住生活功能的建筑内部空间。居住空间的品质对每一个家庭而言都十分重要的。绝大多数人的一生中都有超过三分之一的时间主要是在个人的家中度过的，而家则属于影响人一生十分重要的外部环境，不但能够提供给人们一个非常固定的、带有归属感的活动场所，也会给家庭成员在身心安全感方面一定的慰藉，同时也会对孩子的成长、性格形成等存在十分密切的关系。家庭是否和谐以及稳定，也必定能够影响到其成员的品行、态度，甚至还会对社会的秩序与稳定存在不容小觑的作用。

从人类居住空间的变迁历史我们通常都能够看到，其室内的环境和生活方式是紧密相关的，不同时期的居住空间形式和品质都带有非常明显的时代发展烙印，受到当时的经济、科技、文化等多个因素的影响。

现代的居住空间有了各种设备和设施，满足了人们的各种生理和心理需求，而空间的装饰风格反趋于简约化。

家居空间环境同时也是可以构成"家"的物质要素非常重要的一个组成部分，人们对它的基本需求也总是恒定的。但是人们在社会大环境之中所处的地位、经济收入、文化教育程度等，都在很大程度上影响其对居住空间的品质追求，从而导致高层次的需求之间存在极大的差异性。所以，居住空间的室内设计针对不同的住户来说，不仅具有其共性特征，同时还富有个性化的需求。根据著名心理学家马斯洛的需求层次理论，我们可以把人对居住空间的需求按以下五个层次来划分：：生理需求、安全需求、交往需求、自尊需求、自我实现需求。

3.商业空间室内设计

（1）百货商店

主要是指在一个建筑物中，集中了若干个比较专业的商品部，并且会向顾客提供很多门类、多个品种的商品以及服务的综合性零售形态。在设计时其基本的特征主要表现为：商品的结构主要是以经营服装、纺织品、家庭用品、食品以及娱乐品等最为常见，种类齐全；以柜台作为主要的销售方式；注重店堂的装修以及橱窗的展示效果。

这里所说的百货商店，并非指的是国民经济行业分类之中的"日用百货零售业"，而主要是指经营多个品种、多个门类的综合性商店，其中主要包括大中小型综合经营的商店。

（2）超级市场

超级市场主要指的是采取一种自选的销售方式，以销售大众化的生活用品为主，进一步满足顾客一次性购买多个品种的商品和服务的综合性零售形态。超级市场首先应该是自助服务的一种零售商店，毛利低、销量高，主要是以经营生活必需品为主，种类繁多。统计时需要把各种类型的超级市场、仓储式商场以及会员式超市都列入这类。

（3）专业（专卖）店

主要是指专门用于经营某种类型的商品或者某种品牌的系列商品，充分满足消费者对于某类（种）商品的多需求的零售形态。

把专业店与专卖店归为同一类统计在统计操作方面是比较方便的，其实专业店和专卖店存在着本质的区别，前者主要是经营某种或者某类商品的，如时装店、鞋店、食品店、药店、书店、电器店、珠宝店等；后者主要是专门经营某种品牌的系列商品的，如电器专卖店、体育用品专卖店等。

4.娱乐空间室内设计

（1）空间平面设计

娱乐项目通常都有非常多的不同模式，娱乐业从最早期时的歌舞厅、迪斯科、综合性酒吧，发展到现在的夜总会、量贩KTV、娱乐会所等，经历了一个比较漫长的过程。现在娱乐模式以及消费群体的细分更为明显以及专业化，因此在室内设计的时候一定首先要有非常明确的方向，确定好娱乐的模式以及不同的消费群体。

娱乐空间设计在功能组织的形式上所具有的特征通常是多样性，难以把它们在内容上进行统一。其功能分区一般也应该是一种非常合理、方便管理的方式作为基本原则，分清内管理外营业，按静、动、闹三类活动的区域，在动线上要保证简洁流畅，在出入交通部位方面，明确地表达各种类型的活动用房的相对位置关系。平面的功能和整体空间、经营策划通常都是密不可分的，它是否合理在很大程度上也决定了之后经营的成败。它主要是设计、策划、经营三者的综合体，主要是项目成功的保证。

夜总会的房间是主要设计对象，走廊应该以"曲径通幽""四通八达"，使"点"和"点"间的路径存在多种可能，令客人有走不尽、看不完甚至会出现迷失方向之感。娱乐会所主要强调的是私密性、安全舒适、豪华典雅等。平面布局主要是以房间为主，房间的数量不需要太多，但是功能应做到应有尽有或需要满足客人最基本的娱乐和商务需要。

量贩 KTV 平面设计主要讲究的就是简洁大方、舒适实用，并且房间应该具备一定的数量，还需要分出大、中、小等房型供客人选择，设计的房间面积不应该过大，超市以及餐区应该放于营业区中间以及门厅处，方便顾客寻找以及取餐，洗手间同样也应设在外侧。

新颖特别的装饰材料、跳跃丰富的色彩、现代写意的造型，会使场所呈现与众不同的格调，给人留下比较深刻的印象。在表演厅和表演吧中客人视线更多的时间都是集中在表演台上，因此场所的整体风格只需要大方得体、色彩明快，而且把舞台设计得更为丰富。但是量贩 KTV 则主要追求的是简洁明快、清新脱俗、色彩和谐的特色，使人感觉十分干净实用、简朴大方。

（2）营造灯光氛围

灯光在夜场起着不可忽视的作用。例如，在灯光昏暗及冷色调的场所中，客人的心情会比较压抑，相反到了灯光较为明亮且以暖色调为主的场所中，人的兴奋度就会提高。在具体设计中要根据不同类型的场所进行具体设计。如夜总会与娱乐会所要求在房间内营造出温馨、舒适、高雅的气氛，以间接光源为主，避免光源直接照射客人的眼睛形成炫光点。茶几、装饰画、工艺品等可用聚光灯照射，以增强艺术氛围。在暖光源为主的环境中要有一点儿冷光源作对比，避免颜色单调乏味。

慢摇吧要求灯光根据不同时段营造出不同的氛围。在开场前段，灯光较为明亮及以暖色调为主，随着时间的推延，灯光逐步调暗变冷，到最后只剩下一些 LED、光纤等弱光源配合音响效果。为了方便 DJ 控制全场气氛，应将全场光源控制设在 DJ 台内，通过计算机统一调节。

迪斯科灯光大体上和慢摇吧比较相似，但是它还要比慢摇吧内的灯光更暗、更冷些，虚幻迷离的光源要更多一些，以配合客人在现场的不同感受。表演吧和表演厅重点是以暖色光源以及间接的光源为主，舞台的灯光变化是全场的焦点，造型内的装饰灯、专业的计算机灯与激光灯等都应不断地配合节目表演的内容不同而变化。让客人感觉置身于一个千变万化的场景之中。量贩 KTV 则灯光要求变化不大，达到明亮、清晰、温馨、舒适即可。

第三章 现代室内设计的风格流派

第一节 传统风格

传统中式风格设计特点与思想总体来说既气势恢宏，又古朴稳重。由于其有长久的历史文化积淀及长久的时代变迁，使得其风格特点处处显得与众不同。无论在装饰元素上的使用、部件尺寸的设计，还是颜色及其涂料成分的应用上，都较为考究。特定时代传统风格的装饰上，也极具彰显时代特点的表现手法。文化符号也为整体风格打下时代的烙印。四平八稳的空间规划，体现出社会的伦理观念。大范围的木材的使用，使材料还原出复古又自然的触感与质感。不仅从材料上提升用户感受，也从临场感上增强了用户体验。

在不同风格倾向的设计、颜色的运用上，也与时代有着紧密的联系。不同的时代特色倾向于装饰纹样的色彩还原，使得不同时代传统装饰风格也有着不同的整体色调区别，从构架整体上看相当宏观。木质的结构及装饰材料多以红枣漆及棕红漆涂饰，并在其上讲究雕刻彩绘，造型古朴雅致。陈设方面在家具上多以传统桌案、椅凳类、博古架、书箱、衣柜、床榻作为主要实用家具。其中也不乏一些带有时代性极强的实用物用色。

第二节 现代风格

一、现代风格设计特点及理念

现代风格是近代较为流行的一种艺术风格。其涉及的建筑行业和室内设计行业里，也备受群众的欢迎和追捧。这类风格注重时尚性和潮流性，在室内设计行业中的应用使得居住空间的布局和功能结合得更加完美，因此亦被称为功能主义。从其称号上就可了解到这种风格诞生于工业革命时期，是工业社会的产物。最早思想代表诞生于德国魏玛包豪斯学校，意在探索一种可以便于工业批量生产的新形式的艺术风格，从而可以使得艺术领域能够通过工业生产的途径降低艺术品的生产成本，使其与民众更加贴近。由于长时间的发展及环境的改变，现代艺术风格也诞生出多种流派：有注重向新技术材料极尽注入科技元素的高技派；注重点线面等基础构成元素的风格派；注重以白色为主，展现其超凡脱俗氛围与气派且擅长利用光影与之搭配构图的白色派；将抽象表现主义的逆反心态表现到极致的极简主义；在现代风格上加入人情味因素并且装饰元素极具象征性及隐喻性的后现代主义；也有善于将整体破碎化处理加以非线性或欧几里得几何元素的解构主义等诸多后期衍生的流派。

这些流派给予现代风格更加充实厚重的基底，也使用户在诸多设计行业中有了更多的选择。整体上看简约大方，线条简洁，铺色明亮，室内组件的外观及构造均易于工业批量生产，符合了工业革命时代的绝大多数特征。由于后期众多流派分支的出现，现代风格从数量上给予室内用户更多的组合方案，因此也使得现代风格室内方案不再单调、一直缺乏新意。室内装饰的设计方案中普遍较少使用代表传统艺术风格的标志符号，取而代之更多的是精简的艺术风格符号或是无传统寓意的装饰性基本构成线条。在室内灯光的运用上也基本使用了射灯、筒灯、荧光灯等现代灯光照明灯具，使得灯具及光线能够与室内装饰风格相互糅合，与之融为一体。虽然有些部件的制造与使用上仍会使用传统的建筑材料，但是全新的工艺与造型使得传统的装饰素材有着焕然一新的风格特征，更加符合现代风格的趋势与潮流。在家庭室内装修设计与工程中，现代风格主要体现了以下几点。

第一，风格整体简约而设计方案不简单。现代风格的线条简约干净，很少使用较复杂烦琐的装饰元素。但是要达到真正的装饰效果，就需要将装饰构成元素深度归纳，使其有较强的概括性。在设计过程中高强度的概括，从表面上看，大幅度地减少了装饰线条并不代表着将装饰元素简单的组合或堆砌。

第二，在陈设部件的安置中，尽量减少使用体积过小的物品，防止过分细碎的装饰物对整体室内简约线条和色块布色的破坏，从陈设的角度迎合整体风格的装饰搭配。

第三，家具的布置与规划过程中适当以亮度较高的鲜明颜色或纯度较低的高级灰来搭配整体室内用色，从颜色上让家具与室内的风格更加容易融合。科技感十足的亚光图层也可以让家具在整体中不显得太过抢眼，又在家具的制作工艺上将现代科技的技术感得以低调体验。在室内光照的角度上，一定程度地减少了不必要的光污染，避免在室内行动出现不必要的反光刺眼等现象，增加室内的光照舒适度。外观尽量使用简洁造型，提倡与结构功能相适应的原则，以最少的构造线条呈现出更多的功能并达到最佳的视觉装饰效果，从而达到简洁的外观造型、精心的细节布置、时尚前卫的美术风格以及完备的功能。

二、现代主义美学影响下的室内设计风格

（一）功能主义原则

在现代主义室内设计中，首先要求人们依循的是功能性原则。设计的美首先要适应于既定的功能目的，只有当各种功能要求都得到满足时，室内建筑的本质才得到充分的揭示。在这里，审美的程序不是从外而内，而是从内而外。室内是达到某种目的的手段，它的价值是由它所传达的功能来决定的，这一理念影响了当时的审美意识。这一时期所遵循的功能性准则，是时代对室内建筑本身提出的要求以及由室内建筑的本质特征所决定的。之前的复古主义审美意识，依照的是古典的静态形式美准则，在讲究形式美的同时，却忽略了室内建筑的本质。按照功能进行设计的原则是建筑学现代语言的普遍原则。在所有其他的原则中它起着提纲挈领的作用。它在以现代辞令为语言和仍然抱住陈腐僵死的语言不放的人们中间，划出了一条分界线……需要指出的是，由于受现代主义美学的影响，这里的功能性原则仅仅包括满足人的物理需求，并没有涉及精神方面的需求。从某种意义上说，现代主义设计是一件拒绝与外界交流的艺术品，虽然打着为大众服务的旗号，但不可避免地体现出其精英主义的本质，这直接导致了 20 世纪 60 年代后现代主义对现代主义的反叛。

功能主义一词早在 18 世纪即已出现，当时指的是一种哲学思想。然而，随着工业革命带来的政治、经济、技术、美学、艺术上的巨大变革，现代主

义设计开始萌芽、发生和发展，功能主义也随之被赋予了新的意义。作为现代主义设计的核心与特征，它以崭新的面貌在 20 世纪初确立了其历史地位。功能主义的提出和现代主义美学的发展，使室内设计产生了巨大的变化。它首先要求摒弃复古主义美学观，一切回归原点，一切以功能为前提。在这种情况下，窗户可以被设计成任意形状，其造型取决于所在室内空间的具体采光要求等。在人类现代设计发展近一个世纪的历程中，无论功能主义的发展或慢或快、地位或高或低，它始终作为设计不能舍弃的准则贯穿其中。

机器美学追求机器造型中的简洁，秩序和几何形式以及机器本身所体现出来的理性和逻辑性，以产生一种标准化的、纯而又纯的形式。其视觉表现一般是以简单立方体及其变化为基础的，强调直线、空间、比例、体积等要素，并抛弃一切附加的装饰。"机器美学"理论成为功能主义一个重要的美学指导思想。在机器美学被实际应用到机器本身之前，首先在建筑和室内设计上得到体现。

功能主义的最终确立不能不提到"包豪斯"，它集各种现代设计思潮之大成，总结和发扬了自英国工艺美术运动以来各种设计改革运动的精髓，继承了工业同盟的设计理念，使现代主义产生、发展，并最终达到了高潮。在这一过程中，功能主义作为现代主义最重要的核心之一，终于奠定了其历史地位象征性的形式、色彩与装饰之间的争论。

总之，无论是功能主义，还是软功能主义，都以其"形式追随功能"的宗旨在现代主义的设计进程中起着巨大推动作用。但是功能主义在其发展过程中也产生了一些异化，最具代表性的是"功能追随形式""为形式而形式"的商业主义设计。一些设计师为追求新工业时代的表现形式，在设计中过分强调抽象的几何图形，片面追求"极少主义"，甚至破坏使用功能，这种对于功能和形式的极端追求，促使了室内设计的发展应用现代主义之后的新的审美意识和室内设计风格的产生。

（二）新的时间—空间观

20 世纪，人类对世界认识的最大飞跃莫过于时间—空间概念的提出。在以往的概念中，时间和空间是分隔的，空间在一个平直的几何体系中可以用笛卡尔的三维坐标来表达，而时间作为一个独立的一维连续体，与空间无关，并且在空间的无限延续中始终是均匀的。现代时空观的革命，在数学、物理学、哲学几个领域几乎是平行发生的。数学中，非欧式几何的确立为我们描述运动与空间的关系提供了基本的逻辑法则。空间和时间是结合在一起的，时间不能脱离和独立于空间，而必须与空间结合，在一起形成所谓时空客体，这样四维空间的概念得以确立。无论艺术家们是否真正理解了爱因斯坦的时空观，新的时空观都影响了艺术和设计的风格。

现代主义艺术对自然物象和自然形式的背弃，意味着现代艺术在呈现样式上与传统艺术彻底分道扬镳。这就是说古典主义艺术是趋向于空间化的，而现代艺术却是趋向于时间的。

对审美的时间形式的追求，最直接地与现代主义艺术对内在原则的完全依赖有关，也与这种依赖所导致的客体和自然形式的瓦解有关。现代艺术追随内在生命的过程，特别是人的体验、情感，而人的内在东西的涌现，则是一个时间的川流。这川流是不可分割的、相互渗透的。当审美直觉不是限制于对一个确定对象的观照，而是生命内在力量的自身流溢，那么它的呈现样式就是一种时间形式，是一种绵延。据此，现代主义艺术把自身的根基建立在这种纯粹绵延性的直觉上，它们就只有采取生命的时间形式才能真正把握生命，才能保持自身的品质。从这个角度来说，现代艺术和设计对自然形式的瓦解不但是必然的，而且这种瓦解必然造成对久已存在的审美的空间形式的破除。

古典主义审美和艺术中也有直觉，这直觉在其起源上也是有生命的。但在古典时期，人只有在与对象世界的相互依赖中，才感到自身存在的真实可靠；只有在对象世界中，才能反观自己；直觉也只有借助于对象世界，才能被激发，才能被把握，才能获得其形式。对此，如果我们考虑一下中国古代诗和审美中的"神与物游""触景生情"，就可以有切实的体会。同样，所谓"意境"也是生命直觉本身通过移情到一个物象上而被空间化的状态。当直觉的时间形式移情到物象的空间形式中时，内在生命也就被客体化了，人消失在物象之中，达成一种物我两忘的审美境界。

第四章 现代室内设计的种类

第一节 住宅空间设计

一、住宅空间设计程序

（一）设计准备阶段

设计准备阶段的主要工作有以下几点。

（1）接受业主的设计委托任务。

（2）与业主进行沟通，了解业主性格、年龄、职业、爱好和家庭人口组成等基本情况，明确住宅空间设计任务和要求，如功能需求、风格定位、个性喜好、预算投资等。

（3）到住宅现场了解室内建筑构造情况，测量尺寸，完成住宅空间初步平面布置方案。

（4）明确住宅空间设计项目中所需材料情况，并熟悉材料供货渠道。

（5）明确设计期限，制定工作流程，完成初步预算。

（6）与业主商议并确定设计费用，签订设计合同，收取设计定金。

（二）方案初步设计阶段

方案初步设计阶段的主要工作有以下几点。

（1）收集和整理与本住宅空间设计项目有关的资料与信息，优化平面布置方案，构思整体设计方案，并绘制方案草图。

（2）优化方案草图，制作设计文件。

（三）方案深化设计阶段

通过与业主沟通，确定初步方案后，对方案进行完善和深化，绘制详细施工图。设计师还要陪同业主购买家具、陈设、灯具等。如果业主不需要设计师陪同则应为其提供家具、陈设和五金的图片以方便业主自行购买。

（四）项目实施阶段

项目实施阶段是项目顺利完成的关键阶段，设计师通过与施工单位合作，将设计方案变成现实。在这一阶段，设计师应该与施工人员进行广泛沟通和交流，定期视察工程现场，及时解答现场施工人员所遇到的问题，并进行合理的设计调整和修改，确保在合同规定的期限内高质量地完成项目。

（五）设计回访阶段

在项目施工完成后，设计师应该继续跟踪服务以核实自己设计方案取得的实际效果，回访可以是面谈或电话形式。一般在项目完工后半年、1年和2年三个时间段对项目进行检查。总之，设计回访能提高设计师的设计能力，对其以后发展有重要意义。

二、安全和无障碍设计

（一）楼梯

楼梯的设计会带来方便与舒适，但需合理设计，要同时考虑坡度、空间尺寸的相互关系，这时起决定性作用的是空间本身。室内设计时，要由家庭成员来决定其安全与舒适程度，对作为路径通道的楼梯，首要考虑的是安全问题，对于有老人和孩子的家庭，在设计中要避免设计台阶和楼梯，如需要，设计的楼梯坡度缓、踏步板宽、梯级矮些才好，楼梯坡度为 33° ~ 40° 之间，栏杆高度为 900mm，安装照明设备，同时兼顾旋转不要过强，还要考虑承重和防滑，所有部件无突出、尖锐部分。

（二）卫生间与浴室

卫生间的功能变化和条件改善是社会文明发展的标志。卫生间设施密集、使用频率高、使用空间有限，是居住环境中最易发生危险的场所。无障碍设计是具有人文关怀的人性化设计理念，目的是为老年人、残疾人提供帮助。应做好功能分区，保证使用时的便利及操作的合理性，并设宽敞的台面和充足的储藏空间。如厕区设置扶手、紧急呼叫器，留出轮椅使用者和护理人员的最低活动空间。洗浴区要注意与其他分区干湿分离，淋浴和浴缸都应设置扶手。卫生间的空间尺寸要合适，对卫生间空间环境大小、颜色、设施安装及布置都要详细考量，卫生间设置应便于改造，保证通风效果良好。喷淋设备的喷头距侧墙至少 450mm，留有放置坐凳的适宜空间。浴缸外缘距地高度不宜超过 450mm。浴缸开关龙头距墙不应小于 30mm，洗手盆上方镜子应距离盥洗台面有一定高度，防止被水溅到，洗手盆也不宜安装过高，一般在 800mm 左右。设置报警器，以防突发疾病。卫生间电器开关应合理标识。

（三）厨房

厨房的通风、排水和防水尤为重要，还要维持室内空气新鲜。强调色彩调节及配色，着重考虑色彩对光线的反射率，提高照明效果。色彩设计应根据个性需求，在视觉上扩大厨房面积。注意厨房的亮度，能清楚辨别食物颜色、新鲜度。产品尺寸是设计过程中要考虑的一个重要因素，橱柜操作台、厨房开关插座高度需根据不同人群的身体情况而定，以便洗菜、切菜和烹饪。橱柜水槽和炉灶底下建议留空，以方便轮椅进出。吊柜最好能够自动升降。底柜采用推拉式。

三、住宅空间室内设计

（一）门厅设计

门厅是室内最先映入人眼帘的空间，它是出入户和脱换鞋区域，具备公共性，私密度较低，室内设计时不可忽视。

门厅是接待客人来访时正式亮相的第一个地方，在设计上应该多花一些心思。一般主人入屋或客人来访首先在入口处换鞋、挂外套、挂包或是放置钥匙和雨伞。因此，门厅处可以放置鞋柜、衣架、镜子、雨伞架和换鞋凳。

门厅的灯具可以安置在顶上、墙壁上或是放置在桌面上，一般根据门厅的空间大小、住宅室内风格来选择相应的门厅灯具，小型门厅适合悬挂吊灯。如果空间过于拥挤，则可以安装壁灯。并且，门厅的灯具都可以安装调光器，让灯光散发出柔和的光线，给人带来温暖和舒适的感觉。

（二）客厅设计

1. 布局设计

客厅主要以会客区坐卧类家具为主，沙发等占据主要位置，其风格、造型、材料质感对室内空间风格影响很大。首先要求客厅家具尺度应符合人体工程学要求，空间尺度大小、空间整体风格和环境氛围相协调。电视背景墙及沙发两侧均可以摆放落地花瓶或大型植物，茶几长宽比要视沙发围合区域或房间长宽比而定。放在客厅的地毯占用较大空间，要选择厚重、耐磨的地毯，铺设方法视地毯面积大小而定，形成统一效果，如要是铺设整个客厅，也要在靠墙处留出 310～460mm 空隙。在选择墙面装饰画上要注意大小尺寸，沙发墙上的挂画和沙发的距离要适中，表面出空间拉伸感。客厅墙面应选择耐久、美观、可清洁面层，墙面装饰要简洁、整体、统一，不宜变化过多。

2. 灯光照明

灯光作用对营造客厅氛围必不可少，客厅照明重点要考虑视听设备区域，直接采光为首选，人工光源应灵活设置，照度与光源色温有助于创造宽松、舒适的氛围。在会客时，采用一般照明，看电视时，可采用局部照明，听音乐时，可采用间接光。客厅的灯具装饰性强，同时要确保坚固耐用，风格与室内整体装饰效果协调。客厅的灯最好配合调光器使用，可在沙发靠背墙面装壁灯。客厅的色彩宜选用中基调色，采光不好的客厅宜使用明亮色调。

3. 陈设的选择

"一个中心，多个层次"是基本原则，要主次分明，体现功能性、层次感和交叉性。灯具造型选择不容忽视，要与整体风格统一。要配好台灯和射灯等光源，以达到新颖、独特的效果。

艺术品陈设，有较强的装饰和点缀作用，如绘画、纪念品、雕塑、瓷器和剪纸等，使用功能不高，但能起到渲染空间、增添室内趣味、陶冶情操的作用，通过对其造型、色彩、内容和材质选择，可给空间增加艺术品位。精美的字画可以丰富室内空间、可以装饰墙面，接受过一定教育且有文化涵养的人喜欢摆放现代、古典和抽象等风格的字画来表现文化背景。雕塑富有韵律和美感，利用好灯光会使雕塑产生很好的艺术效果。添置木雕、竹雕、艺术陶瓷、唐三彩、蜡染和剪纸等工艺品，可提高装饰品位和审美水平。珍藏、收集的物品和纪念品通常会放到搁物架或博古架上，以显示出重要意义。

（三）卧室设计

1. 主卧室设计

主卧室是主人极具私密性的个人生活空间，分为睡眠区、衣物储存区和梳妆区等功能区域，如空间足够大，还可以再分阅读区、休闲区或健身区。

主卧室的照明可根据功能区域划分情况来设置光照强度，梳妆区应明亮，天花的灯不要过亮，以免直射眼睛，阅读区域照明要明亮一些。

2. 儿童房设计

儿童房设计包括平面设计与室内设计。在平面设计过程中，要综合考虑朝向、面积、开间进深等因素，同时，作为套型整体的一部分，与其他房间的关系也十分重要。学龄前或小学阶段的儿童房宜与主卧邻近，孩子长大后，空置的儿童房可作为主卧书房、活动间，以提高房间利用率。儿童房需设置睡眠区、学习区、活动区、储藏区与展示区，充分利用空间展现孩子成长足迹。儿童房设计要满足成长过程中各阶段的需求，尽可能地提高房间灵活性。儿童房面积受套型面积制约，存在不同布置方式。要注意尽量减少使用大面积玻璃及镜面材料，要防止高处重物坠落和较大家具倒落砸伤儿童，避免选用有棱角的家具，避免儿童房存在用电隐患，儿童床不临窗，床头上方不要设置物品架，不放置重物或易碎物，衣柜、收纳柜高度灵活调整，以便进行分隔，设置较大综合收纳柜来储存物品，窗户应有防护措施，儿童房门把手设置应适合儿童使用习惯，不应在床正上方设置吊灯，儿童房书桌旁应留出家长辅导的空间，床头灯颜色与位置应合理，避免对儿童视力产生不利影响，床头附近宜增设夜灯插座。

3. 老人房设计

老年人使用的家居用品高低和大小要合适，家具不能太高，选用低矮柜子。在家具造型方面，选用全封闭式最好，避免落灰尘。家具上半部分尽量少放置日常用品，下面储物空间和抽屉数量可适当增多。抽屉的设置上，最下面一层不要过低和过深，要让老人使用时感到舒适，抽屉把手位置尽可能提高。还要考虑家具稳固性，建议选择实木家具，固定式家具最好。给老人选择家具时要从老人生活习惯出发，突出功能性和个性，可配置带按摩功能的产品、舒适沙发椅、具有磁疗功能的产品等。家具静音设置不容忽视，睡眠质量对老人很重要，带有阻尼的抽屉声响较小，很受老人们欢迎。居室内工艺品搭配设计要与使用者进行交流，为老人们选择合适的工艺品和装饰品，可将书法、绘画、摄影作品等作为主要装饰物。如果老人喜欢练习书法，可选择条案、砚台等物件。

4. 衣帽间设计

衣帽间一般位于卧室和浴室就近位置，用来存放衣裤、鞋帽、领带、珠宝、被子、席子、行李箱等物品。衣帽间设计要具有人性化，可根据住宅面积大小和衣物多少选择独立步入式或嵌入式衣帽间。除此之外，衣帽间应该安装较大更衣镜，还要保证足够多的挂衣空间。

5. 书房设计

书房是阅读、书写以及业余学习、研究、工作的空间，能体现居住者修养、爱好和情趣。独立式书房主要以阅读、书写和计算机操作为主。当然，并不是所有家庭都有足够空间来布置一间独立书房，如果没有独立书房，可以在住宅任何一个地方设置"阅读角"，比如客厅、卧室、餐厅、过道或是阁楼一角。无论是独立式书房还是"阅读角"，在设计时都应体现简洁、明快、舒适、宁静的设计原则。总之，设计师要先详细了解信息后再做适当空间规划。特别要注意一些特殊职业的业主的书房设计，比如绘画工作者、书法爱好者、自由设计师和职业作家等。

书房的主要家具是书柜、书架、书桌椅或沙发等，在选择书房家具时，除了要注意书房家具的风格、色彩和材质外，还必须考虑家具的尺寸。书桌、书架和书柜可以购买成品家具，也可以定制，一般根据房间结构来定制家具比较合理，但书架与书柜大小也要根据主人藏书量来决定。

书房最好的照明就是自然光，但如果窗户朝南，书桌要与窗户有一定距离或角度，避免阳光直射，刺激眼睛。

书房是住宅中文化气息最浓的空间，房间内色彩宜选择冷色调，如蓝、绿、灰紫等，尽量避免跳跃和对比的颜色。在与住宅整体风格不冲突情况下，做到典雅、古朴、清幽、庄重。

6. 卫生间设计

人们每天醒来第一个去的地方就是卫生间，所以，一个家庭里拥有一个干净、美观的卫生间是很重要的。可以说，卫生间是住宅中面积最小的地方，但它需要满足人们洗漱、沐浴和保健等不同需求。因此，在设计时应注意以下几个方面。

（1）布局设计

如果卫生间很大，则可以按区域及活动形式分类来布置，如分为卫生间、洗漱间、沐浴间等。卫生间的基本设备是便器、毛巾架、洗脸盆和储物柜等。卫生间的空间大小决定了马桶、蹲便器、浴缸或洗面盆的尺寸。一般，便器如马桶或蹲便器前端线至墙间距不少于 460mm，马桶纵中线至墙间距不少于 380mm，洗面盆前端线至墙间距不少于 710mm，洗面盆纵中线至墙间距不少于 460mm。如果放置两个洗面盆，则至少要留出 1500mm 工作台面。

浴缸纵向边缘至墙边至少要留出 900mm 间距。

（2）灯光照明

卫生间最好的照明方式是采用自然光，大面积窗户不仅能提供良好光线，还有助于通风。如果卫生间空间足够大，还可以安装壁灯、蜡烛灯或化妆灯等。因卫生间较为潮湿，所以灯具一定要以防水灯具为主。卫生间灯光要柔和，不宜直接照射。保证卫生间通风也非常重要，一般需要安装换气扇，以方便空气流通。

第二节　办公室空间设计

一、办公室空间设计基本概念

好的办公室设计能够让企业员工在工作上发挥能动性，帮助员工活跃思维和决策事务，也能够给人良好的精神文化需求，使工作变成一种享受，让安静、舒适的感觉洋溢在整个空间里。

开放式办公室最早兴起于 20 世纪 50 年代末的德国，这种风格在现代企业办公场所中比较常见。开放式办公室利于提高办公设备利用率和空间使用率。

开放式办公室在设计中要严格遵循人体工程学所规定的人体尺度和活动空间尺寸来进行合理安排，以人为本进行人性化设计，注意保护办公人员的隐私，尊重他们的心理感受，在设计时应注意造型流畅、简洁明快。

智能办公室具有先进的办公自动化系统，每位成员都能够利用网络系统完成各自业务工作，同时通过数字交换技术和计算机网络使文件传递无纸化、自动化，可设置远程视频会议系统。在设计此类办公系统时应与专业设计单位合作完成，特别在室内空间与界面设计时应予以充分考虑与安排。

会议室是办公室空间中重要的办公场所，会议室平面布局主要根据现有空间大小、与会人数多少及会议举行方式来确定，会议室的设计重点是会场布置，要保证必要活动及交往、通行的空间。墙面要选择吸声效果好的材料，可以通过采用墙纸和软包来增加吸声效果。

二、办公室设计基础

（一）办公空间设计程序

1. 设计准备阶段

设计准备阶段的主要工作有以下几点。

（1）接受客户的设计委托任务。

（2）与客户进行广泛而深入的沟通，充分了解客户的公司文化、工作流程、职员人数及其工作岗位性质、职员对空间的需求、项目设计要求及投资意向等基本情况，明确办公空间设计的任务和要求。

（3）到项目现场了解建筑空间内部结构以及其他相关设备安装情况，最好先准备项目现场的土建施工图，到现场实地测绘，并进行全面、系统的调查分析，为办公室设计提供精确、可靠的依据。

（4）到项目现场了解室内建筑构造情况，测量室内空间尺寸，并完成办公空间的初步设计方案。

（5）明确办公空间设计项目中所需材料情况，并熟悉材料的供货渠道。

（6）明确设计期限，制定工作流程，完成初步预算。

（7）与客户商议并确定设计费用，签订设计合同，收取设计定金。

2. 方案初步设计阶段

（1）收集和整理与本办公空间设计项目有关的资料与信息，优化平面布置方案，构思整体设计方案，并绘制方案草图。

（2）优化方案草图，制作设计文件。

（3）方案深化设计阶段

通过与客户沟通，确定好初步方案后，就要对设计方案进行完善和深化，并绘制详细施工图。最后还应向客户提供材料样板、物料手册、家具手册、设备手册、灯光手册、洁具手册和五金手册等。

（4）项目实施阶段

设计师通过与施工单位的合作，将设计方案变成现实。在这一阶段，设计师应协助客户办理消防报批手续，还应该与施工人员进行广泛沟通和交流，定期视察工程现场，及时解答现场施工人员遇到的问题，并进行合理的设计调整和修改，确保在合同规定期限内高质量地完成项目。

（5）设计回访阶段

在项目施工完成后，设计师应绘制完成竣工图，同时还应进行继续跟踪服务以核实自己设计的方案取得的实际效果，回访形式可以是面谈或电话回访。总之，回访能提高设计师的设计能力，对其未来发展有重要的意义。

（二）办公空间设计原则

1.人性化原则

在当今社会提倡尊重人们个性化追求的背景下，个性化办公空间设计要尊重员工基本的工作与生活需求，再努力创造其精神家园，所以其根本是人性化，以人为本。设计作品要符合人机工程学、环境心理学、审美心理学等要求，要符合人的生理、视觉及心理需求等，形成舒适、安全、高效和具有艺术感染力的工作场所，提高工作效率。著名的谷歌公司在办公室设计方面充分考虑人性化这一设计理念，根据员工工作习惯和个人喜好，尊重意愿，展现独特装饰风格。

2.可持续原则

针对当前环境问题，我国提出了可持续发展战略。为顺应可持续发展战略，办公空间个性化设计也一定要体现绿色、环保、节能的理念，节约能源和资源应成为设计师始终要思考的问题，低碳、环保应成为办公空间设计优劣的最重要考核标准，此倡议并不是对办公空间个性化设计的制约，反而可以让设计师拓宽设计思路，将自然元素融入工作场所，添加自然情趣，消除员工疲劳，同时强调自然、可再生材料的应用，减少耗能和不可再生材料的使用，达到节能环保、可持续发展的目的。

3.适度原则

办公空间设计个性化固然重要，但也要视具体情况而定，不要忽视设计的意义，要明确设计工作的主要任务。办公空间的最终用途是为工作提供场所，人们能否更好、更高效地工作才是评定的终极标准，所以设计要适度和切合实际，过度追求所谓艺术形式会让设计浮于表面，失去其实用性。适度设计不仅体现在设计形式、使用功能的安排布置，还要考虑施工周期及工程造价。当我们强调办公空间的形式感和空间的艺术感染力时，还要注意适度的原则。

（三）办公空间室内设计

1.办公空间的门厅设计

门厅是进入办公空间后的第一个印象空间，也是最能体现企业文化特征的地方，因此，在设计时应精心处理。前厅处一般设传达、收发、会客、服务、问询、展示等功能空间。综合办公楼的门厅处要设有保安、门禁系统，并且要标明该办公楼内所有公司的名称及所在楼层。

门厅最基本的功能是前台接待，它是接待、洽谈和客人等待的地方，也是集中展示公司企业文化、规模和实力的场所。门厅可以以接待台及背景进行展示，使来访者第一眼见到的就是公司标志、名称和接待人员。也可在前台空间之前设计一个前导空间，同时在此营造一种特殊企业文化来吸引人的视线和来访者的关注。

门厅设计时应注意以下几点。

（1）门厅主要是满足接待、等候及内部人员"打卡出勤"记录等功能要求，因此，不宜设计得复杂，力求简单而独特。

（2）门厅设计应该以接待台与 Logo 形象墙为视觉焦点，将公司具代表性的设计运用到装饰设计中去，如公司标志、标准色等，结合独特灯光照明，给来访者留下强烈而深刻的印象。

（3）门厅的照明以人工照明为主，照度不宜太低，使用明亮的灯光突出公司名称和标志。

（4）门厅接待台的大小要根据前厅接待处的空间形状和大小而定，一般会比普通工作台长。接待台高度要考虑内外两个尺寸：接待人员在内，一般采用坐姿工作，因此，台面高度一般为 700～780mm，访客在外，台面高度要符合站姿要求，一般为 1070～1100mm。

（5）接待台要考虑设置电源插座、电话、网络和音响插座，还要考虑门禁系统控制面板的安装位置等，较小的公司也可以将整个公司的照明开关安放在前台接待处，以便于控制照明。

2.办公室设计

（1）单间式办公室

单间式办公室是由隔墙或隔断所围合而形成的独立办公空间，是办公室设计中比较传统的形式，一般面积小，空间封闭，具有较高私密性，干扰相对较少。典型形式是由走道将大小近似的中、小空间结合起来呈对称式和单侧排列式，这种形式一般适用于政府机关单位。

（2）单元式办公室

该类办公室一般位于商务出租办公楼中，也可以独立的小型办公建筑形式出现，包括接待、洽谈、办公、会议、卫生、茶水、复印、储存、设备等不同功能区域，独立的小型办公建筑无论建筑外观还是室内空间都可以运用设计形式充分体现公司形象。

（3）开放式办公室

开放式办公室是灵活隔断或无隔断的大空间办公空间形式，这类办公室面积较大，能容纳若干成员办公，各工作单元联系密切，有利于统一管理，办公设施及设备较为完善，交通面积较少，员工工作效率高，但这种办公室存在相互干扰，私密性较差。

（4）半开放式办公室

半开放式办公室的办公位置一般也按照工作流程布局，但员工工作区域用高低不等的隔板分开，以区分不同工作部门。因为隔板通常只有齐胸高，因此，当人们站起身来时，仍然可以看到其他部门员工座位。这种办公室相对减少了员工相互干扰的问题，私密性较开放式办公室相对来说好一些。

（5）景观式办公室

景观式办公室的设计理念是注重人与人之间的情感愉悦、创造人际关系的和谐。该类办公室既有较好的私密环境，又有整体性和便于联系的特点。整个空间布局灵活，空间环境质量较好。由于它的设计理念与企业追求个性、平等、开放、合作的经营理念相同，因此，被全世界广泛采用。

（6）公寓式办公室

公寓式办公室是由物业统一管理，根据使用要求可由一种或数种单元空间组成。单元空间包括办公、接待和生活服务等功能区域，具有居住及办公的双重特性。一般设有办公室、会客空间、厨房、储存间、卫生间和卧室等辅助办公空间。其内部空间组合时注意分合，强调共性与私密性良好融合。

3.会议室设计

（1）普通会议室设计

一般为小型会议室。有适宜温度、良好采光与照明，还有较好的隔声与吸声处理。会议室的照明以照亮会议桌椅区域为主，并要设法减少会议桌面的反射光。主要的设施有会议桌、会议椅、茶水柜、书写白板。总的来说，普通会议室要简洁、大方。

（2）多功能会议室设计

多功能会议室一般多为中、大型会议室。与普通会议室相比，设备更先进，功能更齐全，配有扩声、多媒体、投影、灯光控制等设施。在设计时，要考虑消防、隔声、吸声等因素。多功能会议室的光线应明亮，不过外窗应装有遮光窗帘。明亮的光线能让人放松心情，烘托愉快、宽松的洽谈氛围。

4. 接待室设计

接待室是企业对外交往的窗口，主要用于接待客户、上级领导或是新闻记者，其空间大小、规格一般根据企业实际情况而定，位置可与前厅相连。接待室可以是一个独立的房间，也可以是一小块开放区域。接待室宜营造简洁而温馨的室内氛围。室内一般摆放沙发、茶几、茶水柜、资料柜和展示柜等。

5. 陈列室设计

陈列室是展示公司产品、企业文化，宣传单位业绩的对外空间。可以设置成单独的陈列室，也可以利用走廊、前厅、会议室、休息室或接待室等的部分空间或墙面兼作局部陈列展示。陈列室设计重点是要注意陈列效果。

6. 卫生间设计

公共卫生间距最远的工作地点不应大于50m。卫生间里小便池间距约为650nun，蹲便器或坐便器间距约为900mm。卫生间可配备隔离式坐便器或蹲便器、挂斗式便池、洗面盆、面镜和固定式干手机等。卫生间设计应以方便、安全、易于清洁及美观为主。同时，还要特别注意卫生间的通风设计。

7. 服务用房和设备用房设计

档案室、资料室、图书阅览室和文印室等类型的空间应保持光线充足、通风良好。存放人事、统计部门和重要机关的重要档案与资料的库房，以及书刊多、面积大、要求高的科研单位的图书阅览室，则可分别参照档案馆和图书馆建筑设计规范要求设计。现代办公空间设计越来越人性化，因此，常常会在办公空间中设置员工餐厅或茶水间。

8. 办公空间照明设计

办公空间照明设计时首先要选择符合节能环保的光源和灯具，要考虑到色温、显色指数、光效和眩光四个因素。宜选择发光面积大、亮度低的曲线灯具。合理利用自然光，对办公建筑重点区域的照明进行优化设计，节能、舒适且人性化是合理的设计方案。要根据门厅、会议室、报告厅、餐厅、电梯厅、卫生间、走廊的功能和特点，有针对性地对办公建筑中具有优化潜力的区域进行优化设计，达到节能、舒适与丰富空间照明层次的效果。

三、办公室的设计要求与界面处理

（一）办公空间设计要求

空间设计要解决的首要问题是如何使员工以最有效的状态进行工作，这也是办公空间设计的根本，而更深层次的理解是透过设计来对工作方式产生反思。

（二）办公空间界面处理

1. 平面布局

根据办公功能对空间的需求来阐释对空间的理解，通过优化的平面布局来体现独具匠心的设计。

（1）平面布局设计首先应将功能性放在第一位。

（2）根据各类办公用房的功能以及对外联系的密切程度来确定房间位置，如门厅、收发室、咨询室等，会客室和有对外性质的会议室、多功能厅设置在临近出、入口的主干道处。

（3）安全通道位置应便于紧急时刻进行人员疏散。

（4）员工工作区域是办公空间设计中的主体部分，既要保证员工私密空间，同时也要保证工作时的便利功能，应便于管理和及时沟通，从而提高工作效率。

（5）员工休息区以及公司内公共区域通常是缓解员工工作压力、增加人与人之间沟通的地方，让员工拥有更愉快的工作体验。

（6）办公室地面布局要考虑设备尺寸、办公人员的工作位置和必要的活动空间尺度。依据功能要求、排列组合方式确定办公人员位置，各办公人员工作位置之间既要联系方便，又要尽可能避免过多穿插，减少人员走动时干扰其他人员办公。

2. 侧立面布局

办公室侧立面是我们感受视觉冲击力最强的地方，它直接显示出对办公室氛围的感受。立面主要从四个方面进行设计：门、窗、壁、隔断。

（1）门

门包括大门、独立式办公空间的房间门。房间门可按办公室的使用功能、人流的不同而设计。有单门、双门或通透式、全闭式、推开式、推拉式等不同使用方式，有各种造型、档次和形式。当同一个办公空间出现多个门的时候，应在整体形象的主调上将造型、材质、色彩与风格相统一、相协调。

（2）窗

窗的装饰一般应和门及整体设计相呼应。在具备相应的窗台板、内窗套的基础上，还应考虑窗帘的样式及图案。一般办公空间的窗帘和居室的窗帘有些不同，尽量不出现大的花色、图案和艳丽色彩。可利用窗帘多样化特性选用具有透光效果的窗帘来增加室内气氛。

（3）墙

墙是比较重要的设计内容，它往往是工作区域组成的一部分，好的墙面设计可以给室内增添出人意料的效果。办公室的墙面通常有两种结构，一是由于安全和隔声需要而做的实墙结构，一是用玻璃或壁柜做隔断墙结构。

①实墙结构

要注意墙体本身的重量对楼层的影响，如果不是在梁上的墙，应采用轻质或轻钢龙骨石膏板，但在施工的时候一定注意隔声和防盗要求，采用加厚板材，加隔声材料、防火材料等方法。

②玻璃隔断墙

玻璃隔断墙是一般办公室较为常用的装饰手段，特别是在走廊间壁等地方。一是领导可以对各部门的情况一目了然，便于管理；二是可以使同样的空间显得明亮宽敞，加上磨砂玻璃和艺术玻璃的加工，又给室内增添不少情趣。

墙的装饰对美化环境、突出企业文化形象起到重要作用。不同行业有不同的工作特点，在美化环境的同时还应突出企业文化，设计创意公司可将自己的设计或创意悬挂或摆放出来，既装点墙面，又宣传公司业务。墙面还可以挂一些较流行的、韵律感强的或抽象的装饰绘画作装饰，还可悬挂一些名人字画或摆放具有纪念意义的艺术品。

3. 顶界面设计

顶部装饰手法讲究均衡、对比、融合等设计原则，吊顶的艺术特点主要体现在色彩变化、造型形式、材料质地、图案安排等。在材料、色彩、装饰手法上应与墙面、地面协调统一，避免太过夸张。顶棚的分类有很多方式，按顶棚装饰层面与结构等基层关系可分为直接式和悬吊式。

四、办公室空间设计实训

在设计中既要满足空间的功能性、实用性，又要满足人们的感官享受及心理与情感上的需求。要了解材料的价值与功能，材料与技术必须根据设计用途合理使用。要对空间的组织与形态有充分的认知和了解。在体验室内过程中，不断调动各种感官来体验空间形状、大小、远近、方位、光线变化，感受空间给人的直观心理感受，从而获得对空间的整体认知。在了解常规材料种类、性能、质感、构造基础上，关注新材料，适当运用可使自己的作品富有新意。在进行色彩计划中，要符合使用空间的功能和使用者的喜好、风俗习惯。根据采光条件合理地布置光源及照度，以满足人们视觉功能的需要。注重陈设设计与室内空间和谐统一，可利用家具来划分、丰富、调节空间，利用艺术品来塑造空间意境，利用绿化来净化空气、美化环境、陶冶情操，提高工作效率，改善和渲染气氛。

优秀的办公空间设计能给人一种整体风格，富有视觉冲击感，这也是设计风格的一种发展趋势。

（1）注重客户和员工的反映，使设计得到他们的认同，进而增强企业凝聚力和社会公信力。

（2）通过精心平面布局，使各个空间既有个性又与整体风格保持一致。

（3）在大面积用料上规整、庄重，例如 600mm×600mm 的块形吊顶和地毯，已经成为一种办公室标识。

（4）重复使用企业独有设计元素，使其成为企业标识。

1. 设计任务书

（1）设计理念

坚持以人为本原则，融入现代设计理念，将使用功能与精神功能相结合，合理划分空间顶面、地面、墙面等界面，使室内设计风格、功能、材质、肌理、颜色等突出该企业的整体形象，在功能上能满足办公人员需求，从而提高员工整体工作效率，并能从中获得工作乐趣，减轻工作压力。

（2）设计内容

尽最大努力满足业主实际要求。在引领设计潮流的同时要符合市场规律，在设计时既要尊重甲方现实需要，又要做到能够引导甲方思想，使甲方理解设计师设计意图，只有相互合作才能创作出优秀作品。

2. 设计过程

（1）分析

首先要了解业主的基本情况、知识掌握程度、文化水平高低以及对空间使用、环境形象要求，以及业主对本企业发展规划及市场预测的了解程度。详细了解办公室坐落地点、楼层、总面积、东西或南北朝向、甲方使用功能、公司人员数量、工作人员年龄和文化层次，还要了解公司性质及工作职能。

资金投入多少直接影响设计水准，离开充分的资金支持一切都为空谈。只有分析并了解设计对象，才能明确设计方向，充分做好准备，合理、高效地进行系统设计。

（2）空间初步规划

空间规划是设计的首要任务，主要工作是确定平面布局和各个使用空间的具体位置。根据企业职能需求及办公特征，与业主进行沟通后确定设计思路。

①确定空间设计目标

办公空间设计目标是为工作人员创造一个以人为本的舒适、便捷、高效、安全、快乐的工作环境，其中涉及建筑学、光学、环境心理学、人体工程学、材料学、施工工艺学等诸多学科内容，涉及消防、结构构造等方面的内容，还要考虑审美需要和功能需求。

②确定主要功能区域

门厅是员工和客户进入办公区域的第一空间，是企业的形象窗口，是通向办公区的过渡和缓冲，因此，对门厅的设计要引起人们重视，从立意上吸引人，从构思上抓住人，从材料运用上给人以新鲜感。

通道是连接各办公区的纽带，是办公人员的交通要道，是安全防火的重要通道，是展示企业形象的橱窗，另外，它还起着心理分区的功能。通道不仅是指封闭的空间，每个不同区域之间也是通道范畴。

办公室是主要工作场所，包括独立式办公室和开敞式办公室，是设计中最重要的部分，也是设计中的核心内容。

会议室是集体决策、谈判的场所。

接待室是对外交往和接待宾客的场所，也可供小型会议使用。

休闲区是员工缓解压力、休息、健身、娱乐的场所。

资料室是员工查阅资料、存储文件的空间。

其他辅助用房，包括卫生间、杂物间、库房、设备间等。

（3）进行深入设计

在考虑平面布局各个要素后，就要对各个空间进行深入设计。在设计时要注意整体空间设计风格的一致性，考虑好空间的流线问题，仔细计算空间区域面积，确定空间分隔尺度和形式。

之后，要根据设计思路进行室内界面设计，在设计中要考虑空调、取暖设备、消防喷淋及设备管道位置，在顶面设计中可根据地面功能和形式进行呼应，通过造型变化来解决技术问题。

①顶面设计

在设计大办公室的顶面时，一般要简洁、不杂乱、不跳跃，而在门厅、会议室、经理室和通道等处最好设置造型别致的吊顶，烘托房间主题及氛围。

天棚的照明设计首先要满足功能需要，还能起着烘托环境气氛的作用，因此，对照度要求比较高，可设置普通照明、局部照明及重点照明等方式，以满足不同情况需求。尽量避免采用高光泽度材料，以避免产生眩光。

②立面设计

立面是视觉上最突出的位置，要新颖、大方并有独特的风格，内容和形式是复杂和多姿多彩的。在空间立面设计时，应该和平面设计的风格相统一，在造型上和色彩上同样需要和谐。

③设计草图

做完立面设计后，要勾勒出空间透视草图，将空间各个面及家具都表现出来，在勾勒过程中及时发现问题、及时修改，不断调整方案，直到满意为止。

④施工图绘制

以上步骤完成之后，进行大样和施工图设计，并最终完成。一套完整图样包括平面图、顶面图、立面图、效果图、节点大样图，此外还要给甲方提供材料清单、色彩分析表、家具与灯具图表清单等。

在设计时，还要考虑材料各种特性。对施工及施工工艺的了解是施工的先决条件，设计再好，施工不了也只能是纸上谈兵。

因此，作为一名设计师，一定要了解当今社会潮流及发展趋势，并做出准确判断，加深对世界文化及本国文化的理解及融合，不断地接触新鲜事物来丰富设计元素，不断了解新材料、新工艺的变化及发展，提高自己的设计技巧，这样我们才能创作出被社会所接受的优秀设计项目。

第三节 餐饮空间设计

一、餐饮空间设计基础

（一）餐饮空间类型

餐饮空间是餐厅、宴会厅、咖啡厅、酒吧及厨房的总称。按餐饮品种不同可将餐饮空间分为餐馆、饮品店和食堂等。餐馆以饭菜为主要经营项目，如经营中餐、西餐、日餐、韩餐的餐厅。饮品店以冷热饮料、咸甜点心、酒水、咖啡、茶等饮品为主要经营项目。食堂是指机关、厂矿、学校、企业、工地等单位设置的供员工、学生集体就餐的非营业性的专用福利就餐场所。

1. 中餐厅

中餐厅是供应中餐的场所。根据菜系不同，中餐厅可分为鲁、川、苏、粤、浙、闽、湘、徽八大菜系及其他各地方菜系餐馆，有的餐馆还推出各种创意菜或创新菜系，经营中餐成为餐饮店的主流方向。中餐厅的设计元素主要取材于中国古代建筑、家具和园林设计，如运用藻井、斗拱、挂落、书画、传统纹样和明清家具等进行装饰。

2. 西餐厅

因为烹饪形式、用餐形式和服务形式的不同，西餐厅的设计与中餐厅大不相同。可以利用烛光、钢琴和艺术品来营造格调高雅的室内氛围。

3. 风味餐厅

风味餐厅的设计可以和特色的餐饮文化相结合，在设计上强调地域性、民族性和文化特征，如可以采用一些具有鲜明地域与民族特色的绘画、雕塑、手工艺品等突出其设计主题，也可以用一些极具特色的陈设品来点缀和突出设计主题。

4.咖啡馆

咖啡馆主要是为客人提供咖啡、茶水、饮料的休闲和交际场所。因此，在设计咖啡馆时要创造舒适、轻松、高雅、浪漫的室内氛围。

5.酒吧

酒吧是提供含有酒精或不含酒精的饮品及小吃的场所。功能齐全的酒吧一般有吧厅、包厢、音响室、厨房、洗手间、布草房（换洗衣室）、储藏间、办公室和休息室等。酒吧设备包括吧台、酒柜、桌椅、电冰箱、电冰柜、制冰机、上下水道、厨房设备、库房设备、空调设备、音响设备等。现在有许多酒吧还添置了快速酒架、酒吧枪、苏打水枪等电子酒水设备。

6.茶馆

茶是全世界广泛饮用的饮品，种类繁多，具有保健功效，它不仅是一种饮品，还是一种文化。我国的茶文化源远流长，自中唐茶圣陆羽所著《茶经》面世，饮茶由生活习俗变成文人追求的一种精神艺术文化。如今品茶也成了一种以饮茶为中心的综合性群众消费活动，各类茶馆、茶室成为人们休闲会友的好去处。茶馆的设计不仅要满足其功能要求，还应在设计上反映饮茶者的思想和追求，其室内氛围应以古朴、清远、宁静为主。

（二）餐饮空间设计组成部分

1.入口区

入口区是餐饮空间由室外进入室内的一个过渡空间，为了方便车辆停靠或停留，一般在入口外部要留有足够大的空间，同时应有门童接待，进行车位停靠引导，入口内侧应设有迎宾员接待、引导等服务的活动空间。如果餐饮店空间足够大，还可以单独设置休息区域、等候区域和观赏区域。入口内外功能区服务反映了一个餐饮店的服务标准，同时也能为餐饮店起到良好的宣传作用。入口区的设计应让顾客觉得舒适、放松和愉悦，因此，在照明、隔音、通风和设计风格等各方面都要做细致考虑。

2.收银区

收银区主要是结账收银，同时也可作为衣帽寄存处，因此，一般设置在餐饮店的入口处。服务收银台是收银区不可少的配套设施，它可以体现餐饮店的企业形象，给顾客走进和离开餐厅时留下深刻的印象。同时，合理的收银台设计可以加快人员流通，减少顾客等待时间。收银台长度一般根据收银区面积来决定，不宜过长过大，否则会占用营业区面积，影响餐饮店正常经营。收银台需要摆放计算机、计算机收银机、电话、小保险柜、收银专用箱、验钞机和银行 POS 机设备等各种物品。小型餐饮店收银台后还可以设置酒水陈列柜，主要为顾客提供饮料、茶水、水果、烟和酒等物品。

收银区还可以兼作衣帽寄存处，当然小型餐饮店与快餐店出于经营角度和营利目的可以考虑不予设置。设置在大型购物空间内的餐饮店应该考虑衣帽寄存区，因为就餐的顾客大多是购物完去就餐的，他们往往手里会提着很多物品"，让他们轻装上阵地去享受正餐是对顾客最人性化的关怀。

3. 候餐区

根据经营规模和服务档次的不同，候餐区的设计处理有较大区别。由于候餐区属于非营利性区域，应根据上座率情况进行功能布局，在设计上也应该结合市场体现商业性。同时在候餐区可放置一些酒类、饮料、茶点、当地特产、精品茶具和餐具等，以刺激顾客的潜在消费需求，促进餐厅盈利。

4. 就餐区

就餐区是餐厅空间的主要部分，它是用餐的重要场所。就餐区配有座位、服务台和备餐台等主要设施，其常见的座位布置形式有散座、卡座或雅座和包间三种形式。就餐区的布局要考虑动线的设计、座位和家具的摆放、人体工程学尺寸的运用、环境氛围的营造等诸多内容，如顾客的活动和服务员服务动线要避免交叉设计，以免发生碰撞。

5. 厨房区

厨房是餐厅运营中生产加工的空间，厨房的规模一般要占到餐饮店总面积的 1/3，但是由于餐厅类型不同，这个比例会有很大的出入，如以中国传统文化为主题的中餐厅设计为例，厨房面积一般占餐厅总面积的 18%～30%。

根据生产工艺流程可以将厨房区分为验收区、储藏区、加工区、烹饪区、洗涤区和备餐区等多个功能区域。厨房的功能性比较强，在整体规划时应以实用、耐用和便利为原则，严格遵循食品的卫生要求进行合理布局，同时还要考虑通风、排烟、消防和消除噪声等各方面要求。

6. 后勤区

后勤区是确保餐厅正常运营的辅助功能区域，后勤区由办公室、员工内部食堂、员工更衣室与卫生间等功能区域组成。在实际设计工作中，设计师应根据每家餐厅不同的特点来规划空间，灵活处理，为每个餐厅量身定做设计方案。

7. 通道区

通道区是联系餐饮店各个空间的必要空间，通道区的设计主要考虑流线的安排，要求各个流线不交叉，尽量减少迂回曲折的流线，同时保证通道的宽度要适宜，过窄的通道不利于人流的疏散。通道区也是餐饮店的宣传窗口，因为顾客在行走的过程中就可以体验餐饮店的设计理念，良好的通道设计可以让顾客放松压力，舒缓精神，进而保持愉快的心情。

（三）中餐厅室内设计

1. 中餐厅设计前期调研

（1）客户调研

与客户及餐饮店每一个工作成员进行广泛而深入的沟通交流，了解客户的经营角度和经营理念，明确客户对中餐厅设计的要求，如对中餐厅设计的功能需求、风格定位、个性喜好、预算投资等。准备餐饮店工作人员工作情况调查表和客户情况调查表，请相关人员填写，并与客户交流，表达初步的设计意图。

（2）项目调研

①项目现场勘察

目的是看现场是否和甲方提供的建筑图样有不相符之处，了解建筑及室内的空间尺度和空间之间的关系，熟悉现有建筑结构和建筑设备，如了解和记录建筑空间的承重结构、消防墙、现场的建筑设备、管道和接口等的位置。如果是改建工程，则需查看项目原有的逃生和消防设计是否合理，原电压负荷是否充足，是否需要增加电缆数量等，调查项目现场周边环境情况、人流量、交通和停车位状况。项目现场的地理位置会影响到厨房的设计，如城市郊区或边远地方一般没有菜市场，买菜十分不便，需要在厨房准备更多的储存设备来放菜，在平面规划时，厨房的储存空间就要更大。

②项目现场测绘

项目现场测绘是设计前期准备工作中十分重要的环节，通过工程项目现场测绘可以了解餐厅装修前现场的具体情况，查看现场是否和甲方提供的建筑图样有不相符之处，能让设计师实地感受建筑及室内的空间尺度和空间之间的关系，为下一步的设计工作做好有针对性的前期准备工作。

现场测绘一般利用水平仪、水平尺、卷尺、90度角尺、量角器、测距轮、激光测量仪、数码照相机或数码摄像机等工具测量，并记录各室内平面尺寸、各房间的净高、梁底的高和宽、窗高和门高。特别注意一些管道、设施和设备的安装位置，例如坐便器的坑口位置、给排水的管道位置、水表和气表等的安装位置等，要将这些设备的具体位置在图样上详细、准确地记录下来。还要注意室内空间的结构体系、柱网的轴线位置与净空间距、室内的净高、楼板的厚度和主、次梁的高度。

（3）市场调研

①地域文化调研

一个地区独特的自然条件、历史积淀、街巷风貌、风土人情、文化传统和意识形态乃至共同的信仰和偏好可以作为餐饮设计主题确定的切入点，所以，在设计前期可以去查阅地方志、人物志来详细了解当地的地域文化。

②同行调研

主要调研当地中餐厅的经营规模和经营状况，以及菜品品种、菜品价格、服务和室内环境等，同时对它们进行实力排名，分析中餐厅经营成功的原因，如是管理水平先进，服务优秀，还是菜品优越，也要分析中餐厅失败的原因，如是菜品问题，服务问题，还是管理问题，同行调研分析也有助于中餐厅进行设计定位。

2. 中餐厅功能分区设计要点

（1）满足盈利需求

任何一个餐厅在设计之初，都要考虑到投资的回收，做好项目投资预算。根据预算决定消费标准和座位数，从而规划前厅、吧台、餐厅、厨房、库房和职工生活区等各区域的面积。一般高档中餐厅每个客人的平均活动占有面积远远高于中、低档中餐厅每个客人的平均活动占有面积。同时高档中餐厅中客人的等候区域、进餐区域，甚至洗手间的面积相对中、低档中餐厅来讲都要大得多。

（2）满足客人需求

根据顾客需求、行为活动规律和人体工程学原理，合理地设计空间。要考虑到不同人的需要，如果餐厅里有很小的供儿童游戏的空间，那就会成为父母的首选餐厅。快餐厅里的餐桌椅不适合选用柔软的沙发，因为椅子过于舒适会使顾客就餐时间延长，不利于提高翻台率。

（3）满足服务需求

餐饮空间不仅要为顾客提供好的菜品，同时还要提供最好的服务，因此，设计时就要考虑到服务需求，如餐厅的上菜服务通道不能过窄，否则不方便服务员上菜。上菜要经过的门可设计成双开门，方便服务员端着盘子顺畅地通过或推着餐车经过。厨房里灶台和旁边操作台之间的距离不宜过宽，否则厨师在炒菜时转身到操作台上放炒好的菜或是拿配好的菜的距离都会加大，这样一个厨师一天就要多走很多路，上菜可能就会慢一些。

（4）满足职工需求

除了满足顾客需求，同时还要满足餐饮店员工的需求，合理规划出后勤区，要设计单独的职工通道、物流通道，并且要与顾客通道完全分离。

3. 就餐区设计

（1）就餐区座位布置形式

不同类型的中餐厅因其经营方式与经营理念的不会有不同座位形式，常见座位布置形式有散、雅座和包间三种形式。

（2）以开放式厨房为中心的就餐区设计

开放式厨房能让顾客直观地看到厨师们烹饪的场景，顾客可以一边用餐一边观看厨师的厨艺表演，让顾客吃得放心且开心，还能提高餐厅上菜与撤台的效率，有利于餐厅的盈利。

4. 厨房区设计

厨房是中餐厅运营中最重要的生产加工部门，它直接控制着餐饮品质和餐厅销售利润。因此，厨房设计必须从实用、安全、整洁角度出发，合理布局，并遵循相关设计与防火规范。一般而言，厨房由多个功能区域组成，并且不同类型的中餐厅功能分区因其经营内容、经营方式、规模档次的差异而有所不同。

（1）厨房的功能分区原则

①遵循效率第一和效益第一原则。

②合理的设备配置：了解客户的投资意向、餐厅的既定菜式和最多进餐人数，同时根据这些情况来确定厨房主要设备数量和型号，合理配置设备。

③工作流程顺畅：依据厨房工作人员的工作流程进行动线设计。

④依据法律法规标准规划设计：符合卫生防疫、环保、消防等部门规定的各项要求，如食物、用具和食品制作等，存放时应做到生熟食品分隔、冷热食品分隔和不洁物与清洁物分隔，燃油、燃气调压、开关站与操作区分开，并配备相应消防器材。

⑤功能匹配科学合理，体现人性化设计：了解项目现场具体情况，如厨房平面尺寸、空间高度，根据人体工程学原理，进行合理设计。

（2）储藏区

储藏区是将外部运送的各种食品原料进行选择、验收、分类、入库的活动区域。餐厅应有设施和储存条件良好的储藏区。食品原料因质地、性能不同，对储存条件的要求也不同。根据食品原料使用频率、数量不同，对其存放的地点、位置和时间要求也不同。同时，有毒货物包括杀虫剂、去污剂、肥皂以及清扫用具不能存放在储藏区。储藏区应保持室内阴凉、干燥、通风，做到防潮、防虫、防鼠。按食品原料对储存条件的要求，通常可将储藏区分为验收区、干货区、酒水区、冷藏区和冷冻区五个部分。

（3）加工区

加工区是厨房加工食物的区域。不同类型的餐饮店对食品加工的要求也不同，就中餐厅而言，厨房加工区主要是指对食品原料进行洗、切等加工处理。因此，可将加工区分为粗加工区和精加工区。

（4）烹饪区

烹饪区是对各类菜肴进行烹调、制作的区域，是厨房工作中最重要的环节。厨房中的烹饪区应紧邻就餐区，以保证菜肴及时出品。烹饪区功能分区可以根据厨师的工作流程设计，如取料、烹饪、装盘、传递、清理案面。同时，烹饪区要有足够的冷藏和加热设备，每个炉灶之上须有运水烟罩或油网烟罩抽风，并使其形成负压，这样大量的油烟、浊气和废气才会及时排到室外，保持室内空气清新。尤其设计明厨、明档的餐厅，更要重视室内通风、消噪与排烟设计。

（5）洗涤区

洗涤区的面积约占厨房总面积的 20% ~ 22%。洗涤区的位置应靠近就餐区与厨房区，以方便传递用过的餐具和厨房用具，提高工作质量和工作效率。洗涤区的给排水设计应合理，进水管应以一寸直径水管为宜，下水排放应采用明沟式排水。除洗涤设备外，洗涤区还应选择可靠的消毒设备及消毒方式。

5. 中餐厅设计常用的装饰材料

不是选用最贵的材料就能装出最好的效果，选用一些相对经济的材料可以降低装饰的总造价，减少餐饮店前期的投入而有利于盈利。不同经营方式的中餐厅所选用的材料也不太相同，但无论选择哪种材料，都要遵循环保、经济、实用的设计原则。

经营中餐的地面材料不宜选用地毯，因为一旦汤水洒到地毯上很难处理，而且容易有蛾虫和灰尘，污染室内空气。当然，地面材料也不仅只有这些，鹅卵石、片石、青砖、红砖和水泥都可以成为中餐厅内的地面材料，并且还能创造不一样的装饰效果。

中餐厅的墙面材料以内墙乳胶漆为主，偏暖的米白色、象牙白等墙漆能让室内显得干净而整洁。如果中餐厅需要某一个较为风格化的墙面作为亮点，那么可以采用其他材质来处理，以烘托出不同格调的氛围，也有助于设计风格的表达。

中餐厅顶面材料的使用要看是否吊顶，如果不吊顶，那么在裸露的钢筋混凝土梁架、钢梁架和木梁架上刷有色漆或是保持结构的原样也是可以的。如果需要吊顶，则一般多以石膏板、纤维板、夹板为基础材料，再在基础面上刷涂料、裱糊壁纸，或局部使用一些玻璃、木材、不锈钢等材料。

（四）中餐厅外观设计

与众不同的餐厅门面设计会给顾客留下深刻的印象，门面设计包括门头、外墙、大门、外窗和户外照明系统等部分。门面的设计首先要和原有的建筑风格保持一致，最好结合原建筑的结构进行设计。门面装饰要注意大门的选择，门的样式与门头风格要相融。如果餐厅外墙足够长，可以选择开比较大的玻璃窗，就餐厅而言，靠窗户边的位子往往是最受顾客喜欢的。当然，玻璃窗虽然有很好的采光和装饰作用，但安全性能不好，如果使用钢化玻璃则增加装修成本，保温性能也较差，冬冷夏热。

中餐厅的户外广告及标牌设计要注意色彩、形状和外观的不同效果，招牌作为餐厅的标志最能吸引人们的注意力。招牌的设计宜突出餐饮店的特点，无论哪种类型的餐饮店，招牌的字体都应该让人容易识别，比如对于一些风味餐馆来说，招牌要更加突出餐厅的特色。

中餐厅周边的景观环境也要仔细设计，尽管很多餐饮店的周边环境会受到场地的限制而无法进行更多的园林景观设计，但在店外设置一些绿化造景或是别致的陈设也会让路过的人们觉得这是一家高档、有品位的餐馆。

如果要在夜晚吸引顾客到店内就餐，那么就需要选择合适的光源作为户外照明，一般主要选择射灯、透光型灯箱、字形灯箱和霓虹灯等照明系统。霓虹灯处理不当的话容易使店面花哨，降低店面档次，因此，使用霓虹灯照明的餐饮店并不多见。

二、餐饮空间环境气氛的营造

（一）色彩

餐饮空间的色彩多采用暖色调，以达到增进食欲的目的。不同风格的餐饮空间其色彩搭配也不尽相同。中式餐饮空间常用褐色、黄色、大红色和灰白色，营造出稳重、儒雅、温馨、大方的感觉；西式餐饮空间多采用粉红、粉紫、淡黄、褐色和白色，有些高档西餐厅还施以描金，营造出优雅、浪漫、柔情的感觉；自然风格的餐饮空间多选用天然材质，如竹、石、藤等，给人以自然、休闲的感觉。

（二）光环境

1.直接照明光

直接照明光的主要功能是为整个餐饮空间提供足够的照度。这类光可以由吊灯、吸顶灯和筒灯来实现。

2.反射光

反射光主要是为衬托空间气氛、营造温馨浪漫的情调而设置的，这类光主要由各类反射光槽来实现。

3.陈设

室内陈设的布置与选择也是餐饮空间设计的重要环节。室内陈设包括字画、雕塑和工艺品等，应根据设计需要精心挑选和布置，营造出空间的文化氛围，增加就餐的情趣。

第四节 商业空间设计

一、商业空间设计的基本知识

（一）店面

店面是商业空间重要对外展示窗口，是吸引人流的第一要素。店面造型应具有识别与诱导特征，既能与商业周边环境相协调，又有视觉外观个性。

（二）入口

商业空间的入口设计应表现出该商店的经营性质、规模、立面个性和识别效果。另外，商店入口要设置卷帘或金属防盗门。

商业空间入口的设计手法通常表现为：一是突出入口空间处理，不能单一地强调一个立面效果，要形成一个门厅的感受；二是追求构图与造型的立意创新，可通过一些新颖的造型形成空间的视觉中心；三是对材质和色彩精心配置，入口处的材质和色彩往往是整个空间环境基调的铺垫；四是结合附属商品形成景观效果。

（三）营业厅

营业厅的空间设计应考虑合理、愉悦的铺面布置，方便购物的室内环境，恰当的视觉引导设置以及能激发购物欲望的商业气氛和良好的声、光、热、通风等物理条件。由于营业厅是商业空间中的核心和主体空间，故必须根据商店的经营性质，在建筑设计时确定营业厅面积、层高、柱网布置、主要出入口位置以及楼梯、电梯、自动梯等垂直交通位置。一般来说，营业厅空间设计应使顾客进出流畅，营业员服务便捷，防火分区明确，通道、出入口顺畅，并符合国家有关安全疏散规范要求。

（四）柜面

营业厅的柜面，即售货柜台、货架展示的布置，是由销售商品的特点和经营方式所决定的，柜面设置要遵循合理利用空间和顾客习惯原则，强调安全、耐用、设计简洁。柜面的展销方式通常如下。

1. 闭架

主要以高档物品或不宜直接选取的商品为主，如首饰、药品等；

2. 开架

适宜挑选性强，除视觉观察外，对商品质地、手感也有要求的商品；

3. 半开架

指商品开架展示，但在展示区域设置入口限制；

4. 洽谈销售

某些高档商店，需要与营业员进行详细商谈、咨询，采用就座洽谈方式，能体现高雅、和谐的氛围，如销售家具、计算机、高级工艺品、首饰等。

二、商业空间设计基础

（一）商业空间设计原则

1. 商业性原则

好的室内设计应该具有商业性，商业空间的设计不单单是一个室内设计，更是一个商品企业文化的展示、商业价值的实现以及企业发展方向的体现。设计与商业并不冲突，因为设计也是为了实现商业价值，而商业也需要设计来美化和诠释。因此，商业性是商业空间室内设计最基本的设计原则。

2. 功能性原则

商业空间以销售商品为主要功能，同时兼有品牌宣传和商品展示功能。商业空间设计一般是根据其店面平面形状及层高合理地进行功能分区设计和客流动态安排。因此，商业空间室内设计与店面设计应最大限度地满足功能需求。

3. 经济性原则

商业空间装修的造价会受所经营商品价值的影响，商品的价值越高，相应的装修档次也越高。顾客一般也会根据专卖店的装修档次来衡量商品的价格，比如，用低档的装修展销高档的商品，就会影响商品的销路，反之用高档的装修陈列低档的商品，顾客也会对商品产生怀疑而影响商品的销售。因此，商业空间的装修总造价要与商品的价值相适应。

4. 独特性原则

独特性是商业空间设计的一项重要原则。如何使某一商业空间在众多店铺中脱颖而出，从而吸引顾客的眼球是商业空间设计时首要考虑的条件。

独特的设计可以让商业空间室内环境更具有商业气质，富有新奇感的设计可以提高商品的附加值，让商业空间盈利更高。

5. 环保性原则

节能与环保也是室内设计界一个重要研究课题。随着人们生活水平的提高，越来越多的人崇尚健康、自然的生活方式。商业空间设计时应尽可能使用一些低污染、可回收、可重复利用的材料，采用低噪声、低污染的装修方法和低能耗的施工工艺，确保装修后的店内环境符合国家检测标准。

（二）专卖店设计组成部分

1. 店面设计

店面设计十分重要，专卖店商品的品牌与风格影响着店面的设计，如在服装专卖店设计中，一般经营正装的店面风格宜大气、简洁，而经营休闲装的店面风格则相对活跃、时尚，可以用明亮的色彩来创造生动的室内氛围。

2. 卖场设计

卖场设计包括收银区、陈列区、休息区、储藏区等几个部分的设计，卖场设计是专卖店室内设计的核心部分。卖场设计以展示商品为中心，空间布局要合理，交通路线要明确而流畅。

3. 商品陈列设计

商品陈列要突出商品形象，最好能在陈列中形成一个焦点，以引起顾客注意，同时要求商品陈列的方式要充分体现该商品的特点，并且新颖独特。商品陈列要让顾客看得见、摸得着，触发其购买动机。

4. 展示道具设计

展示道具不仅能满足展示商品的功能，同时也是构成展示空间形象、创造独特视觉形式的最直接元素。

5. 照明设计

良好的照明设计可以引导顾客的注意力，可以让商品更加鲜艳生动，还可以完善和强化商店的品牌形象。良好的照明设计不仅能引起顾客的购买欲望，同时还能渲染室内氛围，刺激消费。

（三）专卖店室内设计

1.专卖店设计前期调研

（1）客户调研

与客户进行广泛而深入的沟通交流，了解客户的经营角度和经营理念。准备客户情况调查表和目标消费顾客情况调查表，请客户和顾客填写，并告知客户初步的设计意图。

（2）项目现场勘察

项目现场勘察首先要了解项目现场周边环境、人流量、交通和停车位状况。了解建筑及室内的空间尺度和空间之间的关系。了解现有建筑结构和建筑设备。如果是改建工程则需查看原来的逃生和消防设计是否合理，原电压负荷是否充足，是否需要增加电缆数量等，然后再进行项目现场测绘，如果项目有甲方提供的建筑图样，则需要查看现场是否与原建筑图样有不相符合之处，并且应利用水平仪、水平尺、卷尺、90度角尺、量角器、测距轮、激光测量仪、数码照相机或数码摄像机等工具测量并记录各室内平面尺寸、各房间的净高、梁底的高和宽、窗高和门高。特别要注意一些管道、设施和设备的安装位置，还要注意室内空间结构体系，柱网的轴线位置与净空间距，室内净高，楼板厚度和主、次梁高度。

项目现场勘查能让设计师实地感受建筑及室内空间尺度和空间之间关系，为下一步设计工作做好针对性准备。

（3）专卖店市场调研

①商品品牌调研

商品品牌调研主要是了解品牌社会知名度、文化内涵及经营产品种类、产品销售形式等。

品牌知名度会影响到该品牌产品的销售。品牌专卖店主要是帮助企业推广和营销产品，同时让商家获利。了解品牌营销方式更有利于专卖店设计。

②同行调研分析

主要调研当地和外地同品牌专卖店经营规模、经营状况，还有销售方式、销售产品类型、服务和室内环境等，同时对它们进行实力排名，分析服装专卖店成功的原因，例如销售方式、商品质量、价格优势等，也要分析服装专卖店失败的原因，如是销售问题、商品问题，还是价格问题等，同行的调研分析也有助于专卖店进行设计定位。

③顾客信息调研分析

顾客信息调研分析是指调研专卖店目标顾客的消费能力、消费方式以及喜欢的消费环境。消费方式是生活方式的重要内容，比如互联网的出现，改变了很多人的生活方式和消费方式，过去人们在实体店买衣服，而如今很多人选择在网店上购买衣服。

2. 专卖店卖场设计

专卖店卖场设计是设计的核心部分。

（1）平面布局设计

专卖店的空间复杂多样，其经营的商品品种因店面面积不同而各不相同，但无论是经营哪种商品，专卖店平面格局都应该考虑商品空间、店员空间和顾客空间。

（2）入口设计

根据品牌不同，专卖店入口设计也不相同，一般低价位品牌商品专卖店可以做成开度大的入口。中、高档品牌商品的专卖店由于每天的客流量相对较小，其顾客群做购物决定的时间相对较长，并且需要一个相对安静、优雅的购物环境，因此，入口开度相对要小一点，并且要设计出尊贵感。另外，还要根据门面大小来考虑入口设计。无论入口设计形式如何，入口都应该是宽敞、方便出入，同时要在门口留出合理活动空间。

（3）收银区设计

收银区通常设立在专卖店后部，这样更有利于空间利用。专卖店收银区设计要考虑到顾客在购物高峰时也能够迅速付款结算。所以，在收银台前要留有相应的活动空间。

3. 专卖店陈列设计要点

（1）营造空间的"视觉焦点"

"视觉焦点"是最容易吸引顾客视线的地方，并且还具有传达商品信息、促进商品销售的作用。专卖店的室内可以用一处独特新颖的商品陈列来创造"视觉焦点"，从而展现店铺的经营特色和风格。

（2）用色彩来主导陈列设计

有序的色彩主题带给整个卖场鲜明、有序的视觉效果和强烈的视觉冲击力。

（3）便于顾客挑选和购买商品

无论对商品采用何种陈列方式，都应方便顾客挑选和购买，要让顾客直观地了解商品品种、特点和价格，不用问销售人员也能对商品一目了然，可以节约顾客时间，也可减轻销售人员工作负担。

（4）人性化设计原则

充满人性的陈列设计会给顾客带来亲和感，符合消费者购物心理，提高店铺知名度。

第五节 酒店、旅馆空间设计

一、酒店、旅馆空间设计的发展

（一）与城市发展相结合

现代旅馆设计过程中要将建筑设计和城市发展有效地结合起来，与城市未来发展相联系。建筑不是独立存在的，而是与城市和谐发展相对应，因此，在旅馆设计过程中一定要对建筑整体进行综合性考虑，与功能综合体相联系，集吃、住、购物、休闲、娱乐、社交等于一身，同时可以作为接待、办会、展览、商务活动等场所，与城市发展达到共存，促使建筑与城市协调融合。

（二）体现智能设计

随着现代科学技术水平的不断发展，旅馆建筑设计一定要突出智能化特征。在经济与技术快速进步的时代，建筑设计已逐步向智能化演变，已经有越来越多的智能技术融入其中，在很大程度上促进了建筑设计向智能化方向的演进，带来较大的经济效益，也使建筑功能更加丰富化。还做到与数字化技术融合，使设计质量及水准得到全方位提升。具有代表性的数字化技术是 SOHO 技术，此技术很好地融入高科技网络技术，能够提供舒适的旅馆环境。在高科技技术协助下完成分工细化，满足不同顾客群。

（三）体现人文精神

建筑最终目的是为人所用，要坚持人文精神原则。将人文精神融入旅馆建筑设计中，促使建筑设计呈现出不同理念。设计中需要将环保观念很好地融入其中，环保观念也体现人文精神与关怀。在旅馆建筑设计中，要考虑并做好建筑生态设计，如太阳光、雨水、环保材料等使用与合理安排设计，最大限度上避免对自然环境的影响，打造出具优美环境、周到服务、完善设施和鲜明特色的旅馆。

二、酒店、旅馆空间设计的基本划分

一般旅馆由以下几部分组成。

公共部分：大堂、会议室、多功能厅、商场、餐厅、舞厅、美容院、健身房等。

客房部分：各种标准客房，属下榻宾馆的旅客私用空间。

管理部分：经理室，财务、人事、后勤管理人员的办公室和相关用房。

附属部分：提供后勤保障的各种用房和设施，如车库、洗衣房、配电房、工作人员宿舍和食堂等。

三、酒店、旅馆空间设计要求

（一）大堂

不同的酒店、旅馆设计体现其功能配置和接待服务，为旅客带来休闲、交往、办公甚至购物的多重体验。大堂区区域功能配置通常情况下可分为以下基本区域，即入口门厅区，第一时间接待、引导旅客；总服务台区，为酒店大堂核心区域，包括总服务台（前台）、礼宾台、贵重物品保险箱室、行李房、前台办公大堂经理台（客户关系经理台）。总服务台（前台）是旅客最重要的活动区域，向旅客提供咨询、入住登记、离店结算、兑换外币、传达信息、贵重物品保存等服务。礼宾台属前台辅助设施。贵重物品保险箱室与行李房为旅客提供物品存放的服务。大堂经理台和客户关系经理台两者略有差别，大堂经理台主要统筹管理大堂中日常事务与服务人员，保证酒店高效运营，客户关系经理台主要用于处理宾客关系，休闲区通常为旅客提供休闲享受、商务洽谈的半私密空间。精品店作为酒店大堂的特色空间之一，往往经营的是一些纪念性商品。辅助设施区为商务旅客提供办公、通信等各项服务。

（二）休息处

此场所是供旅客进店、结账、接待、休息之用，常选择方便登记、不受干扰、有良好环境之处，可供客人临时休息和临时会客使用。为与大厅的交通部分分开，可用隔断、栏杆、绿化等设施进行装饰。休息处的沙发组按宾馆规模而定数量。大部分休息处位于大堂的一角或者靠墙。

（三）商务中心

作为大堂中一个独立业务区域，商务中心常用玻璃隔断与公共活动部分相隔离。酒店商务中心是为满足顾客需要，为客人提供打字、复印、翻译、查收邮件及收发文件核对、抄写、会议记录及代办邮件、打印名片等服务的综合性服务部门，可按办公空间设计。配备齐全的设施设备和高素质服务人员为客人提供高效率办公服务，是酒店提高对客服务质量的基本保证。

（四）商店

酒店、旅馆的商店出售日用品、鲜花、食品、书刊和各种纪念品等。由于规模、功能与性质不同，位置也不同。小型的商店可以占用大堂一角，用柜台围合出一个区域，内部再设商品柜架。中型商店可以在大堂之内，也可通过走廊、过厅与大堂相连。大型商店实际上就是商场，它不属于大堂，其内往往有多家小店。

（五）客房设计

1.客房种类

①单人间。

②双床间。

③双人间。

④套间客房。

⑤总统套房。

2.客房的分区、功能和应用设计

客房分睡眠区、休闲区、工作区等。睡眠区常位于光线较差区域，休闲区常靠近侧窗，有些宾馆可设 3 床或 4 床的单间客房，为使用方便，其卫生间内最好设两个洗脸盆，浴厕分开。

客房的装修应简洁，避免过分杂乱。地面可用地毯、木地板或瓷砖，色彩要素雅。墙面可用乳胶漆或壁纸饰面。

（六）设计任务书

1. 设计任务

要求掌握完成设计任务的方法与程序，了解在设计、施工时容易出现的问题及解决问题的方法与策略，在设计的同时要综合运用各门学科的知识。了解当今市场装饰材料，思考并总结怎样运用好材料来丰富设计，做出经济、实用的设计方案。

2. 设计理念

以人为本，融入现代和经济实用的设计理念，让人们感到温馨、舒适。合理进行空间设计与划分，使室内设计的风格、功能、材质、肌理、颜色等突出特色，在住房条件和服务上，满足旅客需求，营造舒适、轻松而又富有特色的空间。

3. 设计内容要求

①一层包括大堂、等候休息区、服务台、员工办公室、商务中心、餐厅等功能区。

②标准层主要设计成客房，要求设计类型有双床间（标准间）、双人间（家庭套房）、商务套房三种类型。

（七）图样表达

1. 方案阶段

拿到设计课题以后，首先要了解业主的设计定位和宾馆等级。业主投入资金的多少直接影响设计的水准。另外还应了解当地风土人情，只有分析并了解设计对象，才能明确设计方向，充分做好准备，合理、高效地进行系统设计。

出图要求：①宾馆一层平面图、标准层的平面图（方案），可以是草图。②入口外立面效果表现图。③主要空间的透视效果图（大堂服务台、标准间客房）。④设计方案说明。

做完平面和主要立面设计以后，要勾勒出空间透视草图，将空间的各个面及家具都要表现出来，在勾勒过程当中及时发现问题、及时修改，不断调整方案，直到满意为止。

2. 施工图阶段

以上步骤完成之后，进行大样和施工图设计，最终完成全套图样。全套图样包括平面图、顶面图、立面图、效果图、节点大样图，此外还要给甲方提供材料清单、色彩分析表、家具与灯具图表清单等。

出图要求：①首层平面图、标准层的平面图细化设计。②一层平顶图、标准层的平顶图设计。③主要空间室内各界面设计及施工图绘制。④主要空间透视效果图完善、修改（大堂服务台、标准间客房）。

第五章 现代室内软装设计的应用

第一节 室内软装设计及其意义

一、室内软装设计的概述

（一）软装设计的概念

软装饰在狭义范围来讲，是以室内纺织品为主的软性材料，如棉、毛、丝、麻制作的床上用品、地毯、窗帘、家具蒙面织物、各种工艺品、观赏品，以及包括麦秆、草茎、细竹、塑料、金属等非纺织纤维制成的建筑装饰品；广义范围是相对于室内硬装修而言的，即除硬性材料制作的固定物件以外，室内一切可以移动的软饰物。

软装饰品，是比较灵活的"装修"形式，是营造家居环境和氛围的生花之笔，能较好体现居住者的审美修养，它区别于传统装修行业的概念，将陈设品、布艺、地毯、收藏品、灯具、花艺、绿色植物等进行重新组合，是一种全新的理念。

软装设计是一个系统工程，包括设计、采购、物流、摆场、现场验工等流程。

其实软装设计可以看作室内设计的一部分。顺应市场需求，目前出现了许多脱离室内设计机构而独立存在的软装设计公司，随着室内设计领域整体发展进度的加速，软装设计与室内空间设计的距离必然会越来越近，并将最终合为一体。

（二）软装饰设计的发展

1.精装房为软装市场带来了发展契机

随着各种住宅政策的陆续推出，投资性房产减少，刚需房增多。政府

/84/

在大力推广精装修房，而精装修房也越来越受购房者的青睐。但是，精装修房风格单一，业主唯有通过软装饰品的陈设来体现个人的风格及品位，以免"千家一面"。因此，精装修房的大热对整个家居行业来说将是一个新的考验，或者说是一个新的发展契机。室内设计行业开始面临新的格局分化，软装设计渐渐浮出水面，成为新兴的市场出口。

2. 家具厂商向软装市场转型

家具厂商正面临着全球海啸式的冲击，很多家具厂商遭遇到了前所未有的挑战和困难。不少家具厂商开始走向软装市场，进行转型。

二、室内软装设计的意义

（一）满足人们的心理需求

在现代高科技的社会，繁忙而紧张的人们压力越来越大，因此，需要创造一个舒适、优美的家居环境，使人们身心能够在这里得到充分的缓解。硬装修不能满足人们的这种要求，软装饰却可以利用其材料性质使空间环境更加温馨和恬适，充满生命和活力，它还能对人的精神层面产生触动。如在寒冷的冬季，可以更换一组暖色调的织物组合，瞬间就会带给人们心理上、情感上的温暖，营造出更加人性化的室内空间。

（二）丰富室内空间的层次

墙面、地面、顶面围合而成的空间，由于其特性不容易更改，因此利用室内陈设物分隔空间就是首选的办法。例如，我国传统室内设计中常用家具、帘帐、屏风、织物等作为划分室内空间的重要手段，不仅使室内空间的使用功能更趋合理，而且提高了空间的利用率与使用质量，还丰富了空间的层次感。

（三）能够调节室内环境氛围

在紧张繁忙的现代化都市里，处处充斥着坚硬的金属材料、灰冷的钢筋水泥，这样的空间环境给人带来冰冷、生硬、孤独的感觉。织物、植物、家具等陈设品的介入，无疑使空间充满了灵动与热情，赋予了室内强烈的生命力。在某种程度上弥补了硬装修上的不足，空间环境可根据使用者的需要通过软装饰呈现出或喜悦或浪漫或亲切的不同氛围。千姿百态、色彩丰富的陈设品的运用能使室内环境顿时充满生机和活力，棉、毛、丝、麻等天然纤维织物可以起到柔化室内空间生硬感的作用，我们还可以利用毛绒玩具营造童真与温馨的画面。总之，布局和色彩变换下的室内空间会为人们呈现出不同的主题和品位。

再比如我国传统的婚庆节日，为了营造欢快、喜庆的气氛，会使用大量的红色，随处可见的红色绸带、大红剪纸"喜"字等来装饰，即使建筑本身简陋、朴素，但仍然使室内具有浓厚、热烈、喜庆的韵味。

（四）室内环境能够陶冶个人情操

格调高雅、造型优美，尤其是具有一定文化内涵的陈设品使人赏心悦目，这时陈设品已超出其本身的美学价值而赋予空间以精神价值，如在书房中摆放文房四宝、艺术品、书法作品、名画、古书籍等。这些物品的放置营造出一种文化氛围，通过陈设品传达一种思想审美观念，使人的理念得以彰显。

第二节　室内软装设计的内容与实施

一、室内软装设计的内容分类

（一）实用性装饰

实用性装饰主要以为人提供健康、舒适、便利、安全等作为主要的目的，从实用和经济的角度出发，兼顾起到美化环境的作用，既具有实用价值，同时又赋予空间精神价值，主要分为以下四方面。

1. 织物装饰

织物在家居风格中具有很强的表现力，室内经过硬装修后常由直线和平面组成，看上去生硬而冰冷，织物却可以用它柔软、温暖的质感有效地柔化空间的强硬，注入柔软、温馨的韵味，带给人视觉的享受，使室内空间成为一个有机的整体。另一方面室内织物中不同原料的纺织品具有不同的质感和肌理，或粗糙或细腻，或柔软或轻盈，给人以不同程度的触觉感受。织物又具有易清洗、易更换等优点，主人可根据季节、流行、家居风格等需要的变化而更换。柔软的装饰布减缓空间的刚硬线条、柔和空间气氛，不同色彩质地的地毯可划分空间，形成不同的分区。如将帷幔饰于床的周围可以强化卧区的休息感和私密性。

2. 家具装饰

家具作为一个占地面积最大和使用面积最多的空间主体，它对一种风格的呈现起着举足轻重的作用，是室内空间软装饰的重中之重。如果说居室环境是住宅建筑的延伸，那么家具便是联系家居空间和人的纽带。它具有强调主题、分割空间、转换空间使用功能的作用。家具风格多样，艺术形式千姿百态，家具材料有藤竹的、有石制的、有金属的、有玻璃的，每一种不同材料都会在家具表面呈现出不同的肌理感觉，同时又能体现出不同的家居风格。如田园倾向的室内设计就可以选择白色木制的家具来加强风格的体现，传统家居风格空间则要求具有怀旧情调的怀古家具，在空间中适合以对称方式布置，从而散发出庄重传统、古雅清新的家居艺术氛围。

3. 灯具装饰

灯具除满足基本照明功能外，还具有一定装饰功能，它好比居室的眼睛，是家居空间软装饰设计的重要组成部分。因灯饰色泽、造型各不相同，人们可以根据各种装修风格选用吊灯、落地灯、壁灯等，配光方式有直接照明、间接照明、漫射式照明、混合照明等，灯具除了基础照明外，还具有渲染气氛、营造气氛的功能，为室内空间增添玲珑之美。设计师可充分利用灯具的特点来调节、营造居室空间艺术氛围。如书房选用柔和的冷光源，采用漫射式照明，这样不仅有助于营造宁静气氛，而且有利于视力健康，提高学习、工作效率。

（二）审美性装饰

1. 工艺品装饰

工艺品在室内设计中一直扮演着重要的角色，工艺品本身没有实用性，主要用来观赏，如陶瓷、布挂、蜡染等，它们都具有很高的观赏性，通过特有色彩、材质、造型、工艺等元素给人们带来丰富的视野享受。它们是室内空间鲜活的因子，它们的存在使室内空间变得充实和美观，渗透出浓厚的文化氛围。

2. 书画装饰

在多元化文化的今天，作为传统文化与艺术象征的书画艺术在居室设计中被广泛应用，它的装饰效果和艺术性是任何其他艺术品所无法替代的。书画的形式多样、内容丰富，在居室的软装饰中，可根据装饰风格选择不同的书画艺术装饰形式来营造不同的艺术效果。如低矮的居室可以选择竖幅的书法作品增加居室的高度感，同样，过高的居室可选择横幅作品来增强居室的延伸感。

在室内设计中，绘画以其造型、材质、色彩、韵味体现自身的艺术形态，用自身独特的语言向人们传达精神层面的诉求，展现丰富多彩的文化内涵。把绘画的艺术语言和表现手法融会到现代居室空间设计中，可以形成室内空间环境浓郁的艺术氛围，如东方古典风格的家居软装饰宜选择具有代表性的中国山水绘画、写意画来营造浓郁的东方文化艺术氛围，而现代主义风格的家居软装饰则宜选择现代派抽象主义、立体主义风格的绘画品，以营造简约明朗的艺术化的家。

3. 植物装饰

随着生活水平的日渐提高，"回归自然"已经成为现代人们追求生活质量的新表现。植物以它丰富的色彩、优美的形态，给室内注入了大自然的生命力。植物不仅能使人赏心悦目，愉悦人的情感，还能陶冶人的情操，置身其中容易使人保持愉快平和的心境。植物易融合在各种不同的室内风格之中，小的植物可作为单独点缀的装饰品，高大的植物则可利用其特点使其兼具分割空间的作用。用绿色植物装点居室，营造高品质的室内环境已成为一种新的生活时尚。

二、室内软装设计的元素

（一）织物装饰设计

1. 室内织物装饰的作用

室内织物可以使空间产生温和、安逸的感觉，可以使空间显得舒服和柔软。织物的色彩、构造和性能丰富多样，在室内空间的设计中几乎没有限制。它的覆盖使用程度决定着室内软装饰的主调，同样也对室内环境氛围产生影响，因此织物配套设计是室内软装饰设计的主要内容。

在公共空间，软性材料可能只是作为点缀性，缓冲性出现。至于私密空间，则几乎全部以软性材料为主题，塑造出居室应有的温暖，织物材料丰富，便于更换。

织物覆盖面积比较大，构成室内的主体色调，织物柔软的特性，触觉舒适，可以使人的视觉感到温暖。且重量比较轻，即使做成装饰悬挂物，也不会造成危害，具有安全的特性。

织物的材料来源丰富，工艺比较复杂，质地变化，图案变化，色彩变化等效果极其丰富，是其他材料不可替代的。通常价格便宜，方便更换，吸声性强。

2. 室内织物的分类

（1）窗帘

窗帘具有遮蔽阳光、隔声和调节温度的作用。窗帘应根据不同空间的特点及光线照射情况来选择，采光不好的空间可用轻质、透明的纱帘，以增加室内光感；光线照射强烈的空间可用厚实、不透明的绒布窗帘，以减弱室内光照。隔声的窗帘多用厚重的织物来制作，折皱要多，这样隔声效果更好。窗帘的材料主要有纱、棉布、丝绸、呢绒等。窗帘的款式包括拉褶帘、罗马帘、水波帘、拉杆式帘、卷帘、垂直帘和百叶帘等。

（2）地毯

地毯是室内铺设类布艺制品，广泛用于室内装饰。地毯不仅视觉效果好，艺术美感强，还可以吸收噪声，营造安宁的室内气氛。此外，地毯还可使空间产生集合感，使室内空间更加整体、紧凑。地毯分为纯毛地毯、混纺地毯、合成纤维地毯和塑料地毯。

（3）床品

床品的搭配，对卧室环境的烘托起到重要作用。

第一种是欧式奢华风格。历史悠久的欧式古典家具文化中，经典的床品也是必不可少的展示元素。在床品的选择上应体现传统的雍容气质，领略千年的奢华风范，置身其中，恍若触摸着旧日皇族的荣耀光芒。

第二种是现代简约风格。其致力于在横平竖直的干练中寻求一种平衡的美感，用更加精细的工艺和考究的材质，展现出现代社会所独有的精致与个性。现代风格的床品图案简洁大方、色彩明艳夺目。图案多为条纹、单色、几何拼贴等。

第三种是民族风格。这种风格包含民族元素、历史与传说并存，迷幻而纯粹，沉淀着岁月留下的凝练。人们在床品的选择上越来越倾向于民族风的诠释，中式韵味、丝路风情等元素在居所中逐渐得以呈现。

还有田园风格，以乡村原色及配饰元素作为风格承载，繁花似锦，春风摇曳，阳光般的色调中，写满了清新和典雅。小碎花的图案通常是田园风格中最好的选择。

（4）靠枕

靠枕是沙发和床的附件，可调节人的坐、卧、靠姿势。靠枕的形状以方形和圆形为主，多用棉、麻、丝和化纤等材料，采用提花、印花和编织等制作手法，图案自由活泼，装饰性强。靠枕的布置应根据沙发的样式来进行选择，一般素色的沙发用艳色的靠枕，而艳色的沙发则用素色的靠枕。

（5）织物壁挂

壁挂织物是室内纯装饰性质的布艺制品，包括墙布、桌布、挂毯、布玩具、织物屏风和编结挂件等，它可以有效地调节室内气氛，增添室内情趣，提高整个室内空间环境的品位和格调。

（二）家具装饰设计

1.家具类别分类

（1）坐卧性家具

主要为人的休息所用，并直接与人体接触，起到支撑人体的作用，包括椅子、凳子、沙发、床等。

（2）储存性家具

主要用来储藏物品、分隔空间，包括柜、橱、架等。

（3）凭倚性家具

主要有几、案、桌等。

（4）装饰性家具

主要以装饰功能为主，如屏风、隔断等。

2.家具材料分类

（1）木质材料家具

实木家具。木质材料作为家具材料的历史相当悠久，质轻，强度高，易于加工，而且其天然的纹理和色泽具有很高的观赏价值和良好的手感，是理想的家具生产材料。

人造板材家具。具有幅面大、变形小、表面平整、质地均匀和强度高的特点，改善了木材的不足之处，成了家具制作的重要材料。人造板材常用的有薄木、单板、胶合板、刨花板、纤维板等。

（2）非木质材料家具

金属家具。金属家具具有造型美观、结构简单、坚固耐用的优点。金属家具使用的材料有钢材和轻金属材料。

藤竹家具。藤材干燥后具有坚韧的特性，通过缠扎编织等工艺可加工成家具的靠背、座面等。竹子作为家具制作的传统材料，具有质地坚硬，抗拉抗压，韧性、弹性高于木材的特性。

塑料家具。相对于木材和金属而言，塑料是一种新型的人工合成材料，具有耐化学腐蚀、质轻、绝缘、易加工、易着色、可回收、价格便宜且运输方便等优良特性，越来越多地被应用于家具设计领域。塑料的缺点在于易燃烧以及对于石油的消耗。

软体材料家具。软体材料以泡沫塑料成型、充气成型或以其他填充物构成的具有柔软舒适性能的家具材料为主，主要应用在与人体直接接触的沙发、坐垫、床榻等家具中，使之合乎人体尺度并增加其舒适度。

玻璃家具。玻璃的主要成分为二氧化硅，是一种透明的人工材料，可做雕刻、磨砂、涂饰、镜面等工艺加工。现代家具设计更多地将玻璃与木材、金属结合使用，以增强家具的观赏价值。

3. 家具装饰的作用

（1）组织空间

在室内空间中许多空间的界定是非常模糊的，尤其是对于开敞的办公空间、酒店的大堂、专卖店的销售空间。一个过大的空间往往可以利用家具划分成许多不同功能的活动区域，有时由于家具位置摆设的方式不同，可以形成不同的虚空间的分割。通过家具的安排去组织人的活动路线，根据家具安排的不同去选择个人活动和休息的场所。家具布置不当会使室内整体构图失去均衡，通过调整家具的布置形式也可以取得构图上的均衡。

（2）分割空间

通过对室内空间中所使用家具的组织，可将室内空间分成几个相对独立的部分，成为具有不同功能的空间。经过家具的组织可使较凌乱的空间在视觉和心理上成为有秩序的空间，既提高了空间的利用率，也避免了封闭式分割所形成的呆板布局。例如，可在酒店大堂、酒吧的空间中用桌、椅、酒吧台围合出一个休息、会谈的空间；也可用货架、货柜、展台、接待台围合成商品销售的专卖店空间等。

（3）填补空间

在空旷的房间角落里放置一些如花几、条案等的小型家具，可以求得空间的平衡。在这些家具上可以设置盆景、盆栽、玩具、雕塑、古玩等工艺品，这样既填补了空旷的角落，又美化了空间。有些不规则的空间，也可以利用小型家具填充其不规则部分以求得整个空间的构图完整。另外，一些小空间中也可以利用家具布置室内的上部分空间，以节省地面面积，如做一些吊柜、隔板等。

（4）渲染氛围

家具除了要满足人的使用要求外，还要满足人的审美要求，既要让人们使用起来舒适、方便，又要使人赏心悦目。通过布置不同的家具，可陶冶审美情趣，反映文化传统，形成特定的气氛。例如，在室内空间里布置具有民族传统特色的家具能给人以联想和反思，使其产生对本民族的热爱。家具以其特有的体量、造型、色彩与材质对室内的空间气氛形成影响。如居室中大面积的白色柜式家具与玫瑰色的沙发组合，就会使人产生浪漫的情怀；金属家具与酒吧空间环境中的摇滚音乐会带来强烈的现代感。总之，家具在室内环境和情调的创造中担任重要角色。

（5）视觉焦点

成为视觉焦点的家具陈设，往往是那些极具装饰性、艺术性、地方性的单品家具和现代设计师们设计的革新的、独特的家具。它们以历史的沉淀、造型的优美、色彩的斑斓等容易成为室内环境中的视觉焦点，在室内环境中往往被放在视觉的中心点上，如住宅的玄关入口处、办公室的接待处、专卖店的中心位置等。

（三）器皿类装饰设计

1.陶瓷制品

陈设用陶瓷主要分为使用型和美术型。使用型陶瓷制品包括餐具、酒具、茶具、盛具等，我们常见的这些陶瓷常用来增加室内的优雅氛围，在就餐或者会议室中使用较为频繁。而美术型陶瓷制品称为"陶瓷艺术品"，主要有瓷瓶、瓷盆、瓷画、瓷盘、瓷像、瓷塑等。

在陶艺的题材上可以是抽象些的内容、简洁的造型和舒缓的视觉形式。色彩和造型都要与环境和谐，尽力渲染一种轻松、温馨的氛围，要充分考虑人在休息时精神的需要。

传统的陶艺品造型比较讲究，形态线形要有抑扬顿挫之感、线条婉转流畅且富于变化。它比较适合于装点古朴、典雅的家具环境，而现代陶艺品的造型则趋于简洁、明了、单纯，它可对现代感较强的家居环境饰以点睛之笔。同时陶艺壁饰在功能上除装饰外，还有减噪吸音和防辐射等功能。

2. 玻璃器皿

玻璃器皿有玻璃茶具、酒具、花瓶、果盘以及其他极具装饰性的玻璃制品和玻雕料器等。特点是玲珑剔透、晶莹透明、造型多姿、工艺奇特，当室内摆放的玻璃器皿被光线照射时，能显现出一份亮丽醒目的感觉，使室内的光线更加具有感染力。

在玻璃器皿作为配饰装饰用时，要通过背景的反射和衬托，充分呈现玻璃器皿的特性。布置时不要把玻璃器皿集中陈设在一起，以免互相干扰、互相抵消各自的个性和作用，玻璃茶具造型千姿百态，纹饰图案百花齐放，究竟选哪一种，要根据个人的审美情趣及居室装饰风格而定。

（四）灯具装饰

1. 灯具的分类

（1）吊灯

吊灯一般悬挂在天花板，是最常用的照明工具，有直接、间接、向下照射及均匀散光等多种灯型。

吊灯的大小与房间大小、层高相关，层高太低的空间不适合用吊灯，吊灯的最低点离地面高度应不小于2.2米。吊灯在安装时一般离天花板0.5~1米，复式楼梯间或酒店大堂的大吊灯，可按照实际情况调节其高度。

吊灯的样式繁多，常用的有中式吊灯，现代吊灯、欧式吊灯、东南亚吊灯等。其材质也是多种多样，有水晶吊灯、羊皮吊灯、玻璃吊灯、陶瓷吊灯等。

（2）壁灯

壁灯是直接安装在墙面的灯具，在室内一般用于辅助照明。壁灯一般光线淡雅和谐，可以起到点缀环境的作用。壁灯一般有床头壁灯、过道壁灯、镜前壁灯和阳台壁灯。床头壁灯一般安装在床头两侧的上方，一般可根据需要调节光线。过道壁灯通常安装在过道侧的墙壁上，照亮壁画或一些家具饰品图。镜前壁灯安装在洗手台镜子附近。阳台壁灯则安装在阳台墙面上，起到照明的作用。壁灯的高度应略超过视平线，一般以离地面1.8米左右为宜。壁灯除了照明之外，还具有渲染气氛的艺术感染力。

（3）吸顶灯

吸顶灯是直接安装在天花板上的灯具，也是室内的主题照明设备。如果房屋层高较低，则比较适合用吸顶灯，办公室、文娱场所等常使用这类灯。吸顶灯主要有向下投射灯、散光灯、全面照明灯等几种。选择吸顶灯时，应根据使用要求、天花板构造和审美要求来考虑其造型、布局组合方式、结构形式和使用材料等，尺度大小要与室内空间相适应，结构上要安全可靠。

（4）台灯

台灯是人们生活中用来照明的一种常用电器。它的功能是把灯光集中在一小块区域内，便于工作和学习，有时也起到装饰、营造氛围等作用。

（5）落地灯

落地灯是指放在地面上的灯具，一般多存放于客厅、休息区域等，与沙发、茶几配合使用，以满足房间局部照明和渲染环境的需要。

（6）射灯、筒灯

射灯与筒灯都是营造特殊氛围的聚光类灯具，通常用于突出重点，能够丰富层次、创造浓郁的气氛及缤纷多彩的艺术效果。射灯是一种高度聚光的灯具，主要用于特殊的照明，比如强调某个比较有新意或具有装饰效果的地方。筒灯一般用于普通照明或辅助照明，客厅的吊顶使用了一排筒灯，起到了渲染室内环境的作用。

2. 灯光的运用

（1）客厅灯光

客厅空间一般需要一个主光源，通常在客厅中间安装吊灯或吸顶灯。除了主光源之外，也可以在顶棚安装一些筒灯或摆放一盏落地灯以渲染环境。另外，在环境需要的情况下，可以安装一些装饰灯。

（2）玄关灯光

玄关是进门后的第一个区域，对玄关的设计将直接影响人进门后的第一印象。玄关柜上一般会摆放一些装饰性的陈设品，通常可以在其上方装一盏射灯，或在旁边摆放台灯，以突出其陈设的效果。

（3）餐厅灯光

餐厅是用餐的场所，餐厅的氛围直接影响用餐的心情和胃口，有一个较好的用餐环境可能会使你食欲大增。灯光是最好的调味剂，几盏低矮的装饰吊灯，暖黄色的灯光照射在食物上，色香味齐全。一般餐厅的吊灯不能装得太低，一方面要保证可以看清餐桌上的食物，另一方面可以渲染用餐氛围。

（4）卧室灯光

卧室常用的灯具有吊灯、吸顶灯、筒灯、床头的壁灯和台灯。安装吊灯、吸顶灯的时候应注意位置，不宜安装在床的正中心，而应安装在两个床尾角线的中间位置。床头灯安装可以根据个人的爱好和功能要求进行选择，如果喜欢阅读，可以在床中间安装可转动壁灯；如果没有在床上阅读的习惯，则可以选择放置漫射的台灯或壁灯，起到调节气氛及起夜照明的作用。

（5）卫生间灯光

卫生间最重要的灯光就是洗脸池的灯光要有足够的强度、亮度及好的角度。此外，可以根据需要安装镜前灯、壁灯或吊灯，整体照明可以选择吸顶灯、筒灯等。

（6）书房灯光

书房可以选择能够调节高度和方向的工作灯，可以是吊灯或日光灯。周围可增加一些氛围灯，做好光线的自然过渡，如台灯、筒灯等。

（五）花品装饰

1. 花品分类

（1）按材质分类

鲜花的特点是自然、鲜活，具有无与伦比的感染力和造物之美，受季节、地域的限制。适合的场所为家庭、酒店、餐厅、展厅等。

仿真花的特点是造型多变，花材品种不受季节和地域的影响，品质高低不同。适合的场合为家庭、酒店、餐厅、展厅、橱窗等。适合各种装饰风格。

干花的特点是有独特风味，花材品种和造型有很大局限。适合的场合为家庭、展厅、橱窗等。特别适合田园、绿色环保、自然质朴等风格，并且崇尚自然，朴实秀雅，富含深刻的寓意。

（2）按地域分类

中国古典花艺的特点是强调反映时光的推移和人们内心的情感，其所要呈现的是一件美的事物，同时也是一个表达的方式和修养提升的方式。中国古典花艺用自身独有的禅意，表达的赞美自然、仪礼、德行，胸中的气韵、内心的澄明，都是花道的题中之意，花道追求更高的情感境界。

西式花艺讲究造型对称、比例均衡，以丰富而和谐的配色，达到独具艺术魅力和优美装饰的效果。西式花艺注重色彩的渲染，强调装饰得丰茂，布置形式多为各种几何形体，表现为人工的艺术美和图案美，与西式建筑艺术有相似之处。西式花艺用花数量比较大，有花木繁盛之感，在形式上注重几何构图，比较多的是讲究对称型的插法，花色相配，一件作品几个颜色，每个颜色组合一起，形成各个彩色的块面，将各式花混插在一起，创造五彩缤纷的效果。

（3）按造型分类

焦点花是作为设计中最引人注目的鲜花，焦点花一般插在造型的中心位置，是视线集中的地方。

线条花造型也很独特，线是造型中最基本的因素之一，线条花的功能是确定造型的形状、方向和大小，一般选用穗状或挺拔的花或枝条。

填充花是西式插花的传统风格，是用大块状几何图形来组合，其间很少空隙。要使线条花与焦点花和谐地融为一体，必须用填充花来过渡。

2. 花艺的搭配应用

搭配花艺时，使用的花不求繁多，一般只用两至三种花色，简洁明快。同时利用容器色调和枝叶来做衬托。花色可以挑选纺织品、配饰、墙面上有的颜色，也可以根据品牌内涵特点来挑选。

单色组合是选用一种花色构图，可用同一明度的单色相配，也可用不同明度（浓、淡）的单色相配，显得简洁时尚。

类似色组合，由于色环上相邻色彩的组合在色相、相度、纯度上都比较接近，互有过渡和联系，因此组合在一起时比较协调，显得柔和而典雅，适宜在书房、卧室、病房等安静环境内摆放。

对比色组合即互补色之组合。如红与绿、黄与紫、橙与蓝，都是具有强烈刺激性的互补色，它们相配容易产生明快、活泼、热烈的效果。需特别注意保持互补色彩的比例。

3. 花艺的摆放

客厅是家庭活动的主要场所，也是会见亲友的地方。如果是大型台面，客厅花艺可以大一些，也可以直接摆地面，会显得十分热烈。若想用插花点缀茶几、组合柜或墙上的格架等较小的地方，就要用小型的插花。

餐厅花艺通常是放在餐桌上，成为宴席的一部分，除了选择鲜艳的品种外，还要注意从每个角落欣赏均有美感。这里可以是干花也可以是鲜花，但应选择清爽、亮丽的颜色以增加食欲，当然花色的选择还要考虑桌布、桌椅、餐具等的色彩和图案。

卧室是供人们睡眠和休息的场所，宜营造幽美宁静的环境。若空间不够大、空气不够流通，就不宜摆放过多的植物，因为花卉植物在夜间不进行光合作用，不仅吐出的是二氧化碳，而且还要吸收氧气，会有害健康。因此，卧室花艺可以摆放一些干花，根据床品、窗帘的颜色选择相应的干花放在床头柜或梳妆台上作为装饰，以营造卧室温馨的环境。

（六）室内陈设装饰

1. 室内陈设分类

（1）餐具

餐具是指就餐时所使用的器皿和用具。主要分为中式和西式两大类，中式餐具包括碗、碟、盘、勺、筷、匙、杯等，材料以陶瓷、金属和木制为主；西式餐具包括刀、叉、匙、盘、碟、杯、餐巾、烛台等，材料以不锈钢、金、银、陶瓷为主。西式餐具喜好将两个餐盘重叠放置，这样食用完一道菜后可以将上面的盘移开，再上另一道菜，这样可以保持整个桌面的完整与美观。

餐具是餐厅的重要陈设品，其风格要与餐厅的整体设计风格相协调，更要衬托主人的身份、地位、审美品位和生活习惯。一套形式美观且工艺考究的餐具还可以调节人们进餐时的心情，增加食欲。

（2）茶具

茶具亦称茶器或茗器，是指饮茶用的器具，包括茶台、茶壶、茶杯和茶勺等。其主要材料为陶和瓷，代表性的有江苏宜兴的紫砂茶具、江西景德镇的瓷器茶具等。

紫砂茶具由陶器发展而成，是一种新质陶器。江苏宜兴的紫砂茶具是用江苏宜兴南部埋藏的一种特殊陶土，即紫金泥烧制而成的。这种陶土含铁量大，有良好的可塑性，色泽呈现古铜色和淡墨色，符合中国传统的含蓄、内敛的审美要求，从古至今一直受到品茶人的钟爱。其茶具风格多样，造型多变，富含文化品位。同时，这种茶具的质地也非常适合泡茶，具有"泡茶不走味，储茶不变色，盛暑不易馊"三大特点。

（3）装饰画

装饰画作为墙面的重要装饰，能够结合空间风格，营造出各种符合人们情感的环境氛围。不同的装饰画不仅可以体现主人的文化修养；不同的边框装饰和材质，也能影响整个空间的视觉感官。

目前，在市场上的装饰画形式和种类各异，其表现的题材和内容、风格各异。例如，热情奔放类型的装饰画，颜色鲜艳，较适合在婚房装饰；古典油画系列的装饰画，题材多为风景、人物和静物，适宜于欧式风格装修；摄影画的视野开阔、画面清晰明朗，一般在现代风格的家居中摆放，可增强房间的时尚感和现代感。还有装饰画置于书架搁架之中的，可以起到装饰的作用。

采用平面形式的装饰画，一般会选择题材相似却又有区分的，并且与背景花色相得益彰，与屋内饰品相互搭配。在中式风格的家中，则常采用水墨字画，或豪迈狂放，或生动逼真，无论是随意置于桌上，还是悬挂于墙上，都将时尚大气的格调展露无遗。

2. 室内陈设的搭配技巧

（1）整体风格协调

注重整体风格的协调性，同时利用陈设品独有的造型、色彩和材质形成对比效果，丰富空间的视觉层次。

室内陈设品设计与搭配时，应注意陈设品的格调要与室内的整体环境相协调。如中式风格室内要配置相应的中式风格的陈设品，欧式风格室内要配置欧式风格的陈设品。在混搭时则要找出陈设品与室内空间其他软装饰陈设的共同点和相近元素。

（2）加强空间层次

利用室内陈设品丰富空间的层次，增添空间的情趣。

室内陈设品设计与搭配时应注意主次关系的表达。因为室内陈设品是依托室内整体空间和室内家具而存在的，室内空间中各界面的处理效果，室内家具的大小、样式和色彩，都对室内陈设品设计与搭配产生影响。室内陈设品设计与搭配时应充分考虑陈设品的大小、比例、造型、色彩和材质与室内整体空间界面、家具的主次关系，在保证整体协调的前提下，使室内陈设品成为室内的"点睛之笔"，增添室内空间的情趣。

室内陈设品的比例要适度，体积不能过大，否则会造成空间的拥挤感。室内陈设品的组合要做到整洁有序，同时可以适当地体现节奏感和韵律感。陈设品的选择应少而精，数量不宜过多，以免杂乱无章。陈设品搭配时还要注意高低、前后的均衡配置，可以通过陈设品的体积、色彩和质感的有效搭配进行调节。

（3）营造人文环境

利用室内陈设品体现文化品位，营造室内人文环境。

室内陈设品设计与搭配时还应注意体现文化品位。国内的许多宾馆常用陶瓷、景泰蓝、唐三彩、中国画和书法等具有中国传统文化特色的装饰来体现中国文化的魅力，使许多外国游客流连忘返。盆景和插花也是室内常用的陈设品，植物花卉的色彩让人犹如置身于大自然，给人以勃勃生机。

第六章 视觉心理在室内设计中的应用

第一节 住宅空间视觉中心及构建

一、视觉中心概述

（一）室内"视觉中心"

在艺术创作和艺术设计中，经常会用到"视觉中心"这个概念，很多人都认为它是整个作品和设计中最突出、悦目的地方，被看作作品精华和形式的亮点来处理。其一般是指在视觉上最为吸引人的地方，最为重要，并占据"中心"位置。其实"视觉中心"是个辩证的美学关系，是关于主与从、虚与实的哲学关系，反映到设计中就是一个整体、和谐的设计理念。

在现代住宅空间室内设计中，室内的空间形态、陈设均有色、有质、有形、有精神含义，它们在室内形成了一定的关系，因而，在视觉关系中必然会出现主与次、虚与实等形式现象。这里的"主""中心""精彩""实"的部分就是"视觉中心"。室内设计中的视觉中心可以称为"视觉焦点"或者"视觉兴奋点"，也就是我们常说的视觉的"落脚点"，是通过精心设计所形成的设计重点，就如小说里的高潮和精华部分。所以在设计中，视觉中心一定要精彩，能吸引人的目光，更要能让人回味和思索，使人的眼睛和心灵能找到寄托和安宁，让人得到审美和心理的满足，不然，设计就不完整。

现代住宅空间设计是个辩证的统一体，在设计当中并没有哪个具体的视觉中心概念，它只是个对比的哲学关系而已。不同空间、不同功能的视觉中心都有不同的表现形式，在设计中，与"设计中心""功能中心""兴趣中心"有一定的区别，没有其他中心那么明确自己的定位。但它们之间也有一定的关联，可能空间中的"兴趣中心"也就是"视觉中心"。在不同的空间中不同的"中心"应有不同的侧重，例如在客厅这样的空间里，除了要满足一些功能要求外，营造亲切、愉快的视觉环境对客厅的气氛有着重要的作用，所以在设计中的视觉中心就要考虑突出这一氛围。

（二）室内"视觉中心"的视觉心理分析

现代住宅空间的室内设计是整体空间的规划，经营的是一个围合或半围合空间，不是对环境空间六面体简单的"包装"或者"装饰"，是既要创造行为空间，又要创造心理和生理需要的知觉空间。视觉心理在设计中有着深远的意义。

室内"视觉中心"之所以能满足人们不同的审美需求，是因为人作为审美主体与客观事物之间有着一个视觉体验的"场"，格式塔心理学中的"同构"规律理论可以说是对这一个"场"的最好的解释。格式塔心理学认为，人对某个事物产生美感，主要是由于审美主体与事物有着某种相似之处，当两个相似的主客体相遇，两者就会产生所谓的"场"，然后"场"所产生的"心理力"唤起主体审美各种情感力量。在空间环境中，"心理力"是受环境影响的，当空间环境中的各种表现力与心理力达到一致时，就会令人感到心情舒畅、安宁。因此，室内空间中的视觉中心的构成无疑会诱发人丰富的情感和美感的心态。因此在空间设计中，要舍弃不必要的装饰，力求达到简洁、明确，以符合人们心理的有秩序的、整体的形态，从而激发人的情感心态。

每一件艺术作品都会表现某种东西或者主题，即，在任何一个作品中，它的内容都会超出作品包含的个别物体的表象。视觉对我们来说是一个视觉符号，而视觉印象具有特殊的唤起各种情感的力量，比如漫画、鲜花等，都会影响我们的情感，激发我们情感潜在意识，引起我们的注意。每件艺术品所要表现的东西都要通过某个符号或中心主题来得以体现，而这个符号或者中心主题如果通过视觉来传达的话，它能迅速被人捕捉到，因为人具有这样的一种自然能力。例如，在儿童房中要构建个视觉中心的话，在房间里布置些动物玩具，就能唤起儿童无尽的兴趣，儿童就会去拥抱、亲吻这些玩具。显然，我们有这种对特定的视觉符号发生反应的本能。因此，视觉中心中传达的情感不仅是表现，其本身就是一种交流。

在室内空间中，人的视觉完全被一个六面体空间所包围，人在空间穿行，视点也随之在动，这样才能感知到空间。人通过视觉感知一个静止而连续的空间，空间环境的体验是通过运动中的视觉的体验来实现的。对于空间环境的感知是一种展示过程，是在时间中依次展开的。在时间的过程中，凝固的空间变成流动的空间。人在进行视觉感知时，一般有三种状态，一是无意识地扫描，即随着目标无意识地移动；二是无意识地凝视，关注能有所体现的局部，如果注视越长，那么对此局部的兴趣也就越大；三是有意识地视觉分析，就是选定目标深入观察。因此，室内空间同音乐一样，审美体验有着相应持续性，通过运动中视觉而依次感知，而视觉中心就如同音乐中的高潮部分，能让人深入品尝、令人回味。

（三）室内"视觉中心"的审美心理分析

"视觉中心"在室内中经营一个占压倒优势的并且具有一定审美的中心，表明要人们看的是什么，从而引导人们用眼睛在这样的中心部分进行深入的探求和发掘，这一过程是审美的重要方面。"视觉中心"具有较强的中心感，能给人强大的心理统摄力，并对我们的审美最终形成有着决定性影响。中心是在视觉图形中能令所有矢量都取得平衡的力场中心，是一个诸力发出并向其会聚的焦点，即使不被明确标示出来，它依然能在没有视网膜存在时出现于视觉形象之中。因此，我们会不自觉地参与到由"中心"所组织的视觉活动中，并自然接受由此出现的一切视觉效果。

视觉中心具有较强归属感，是个抽象的概念。人类自古以来就有用中心的概念来解释自己环境的习惯，并把它作为自己对空间的理解，以求寻找一种回归母体的安全感和归属感。所以，寻找"中心"是人们的一个历程，是每个人的本能意识，而"中心"的强大感召力让人们有着精神的依靠。同样，在现代住宅空间中，家与每个人的生活息息相关，是人类情感的凝聚和归宿，是人类的精神母体。人们在家中都有一种寻求精神母体的回归愿望，总会在无序、杂乱的空间里找一个或者一些所谓的"中心"，而视觉中心正是通过不同的表现为我们提供了这样的"中心"归属和精神依靠的"中心"。视觉中心利用视觉形象最直观、最具体的物象表现，使人在这样的空间里，在其审美过程中，找到精神回归的感受，获得精神依靠和归属。

视觉中心的精神依靠和归属感决定了它在人们心目中具有高于其他东西的崇高地位，在住宅空间中也同样处于一个高位，属于高潮和精彩点。但是，除了归属感外，还有和它一脉相承的等级感，在肖像画中，教皇或皇帝通常出现在中心位置上。视觉中心无疑是在整个视觉图像中最被关注的焦点，在视觉审美中显现出绝对优势。在室内空间里，视觉同样利用它独特的优势来控制整个空间，以其强烈的中心效果将人的视线引到空间的核心部分，而空间的核心或者视觉中心就是空间的高潮，通过这种高潮让人们体会了整个空间的节奏和韵律而产生审美情感，例如古建筑中的藻井就利用了强烈的装饰效果控制了整个空间气氛。

视觉中心在审美上除了给人精神归属、依靠和审美高潮点，还给人一种微妙稳定的心理感受。在我们对视觉对象审美的时候，在感官上会让对象处于静止，好像与时间没有任何关系。而在室内空间中同样也有这样的感受，当人进入一个环境或者空间中，对四周的环境有了大体的了解后就会把目光停留在视觉中心上，以达到视线的寄托，获得一种安定、满足乃至美感。相反，如果没有这样的一个"中心"的话，就会摇摆不定，有种不稳定的感觉，视线也会左右来回移动，很难停留下来，也就不会有什么美感可言了。

二、室内"视觉中心"设计

（一）室内"视觉中心"设计的辩证关系

住宅室内空间设计经营的是一个围合或半围合空间，既要创造行为空间，又要创造心理和生理需要的知觉空间。同样，作为一种实用的艺术形式，要创造一个符合现代人更高的"精神意识""环境意识"及审美需求的空间，所以在设计中要有的放矢，处理好矛盾的主次关系。

现代住宅室内设计是整体系统的设计，视觉中心作为一个设计强调的部分，在设计中应根据整体设计方案，处理好这种辩证关系，主与从、虚与实都是设计要素，赋予各个要素恰当的表现。在设计中，要大胆扬弃多余的装饰，依据设计意念和主题，突出主要部位，减弱作为铺垫的部位，这样，作品的层次感、视觉冲击力强、艺术的感染力也最强。也就是说，在任何情况下，在空间内应该建立一种主与从、虚与实各个要素可变的对比关系。

视觉中心作为设计的主要部位，在处理上要谨慎，恰到好处，不能随意。否则，就会产生死板、生硬的感觉。但是，过分强调视觉中心，也会与预想效果背道而驰，优秀的设计师能把视觉中心处理成一种自然的必然，表面看来似乎是不经意，实际上却是费尽心思。在设计中要做到统一变化的原则，既微妙又有所克制，例如利用家具或者装饰品来突出整体空间的格调，体现整个设计的意念，那么家具或者装饰品也就成了视觉的中心，营造了空间的气氛效果。

（二）"视觉中心"设计的视觉心理要求

视觉中心是整个空间的精彩部分，控制着整个空间气氛节奏的营造，是整个设计的高潮点，是人们进入空间后的审美点，所以，在构建时，要充分考虑到其在视觉审美心理上的要求。主要从以下两方面考虑。

1. 形式的节奏与韵律

室内设计中的节奏与韵律，实际上是设计师赋予了室内空间环境"音乐"般的艺术感染力，也赋予了室内环境的实践性。节奏本是自然生态中的现象，艺术中的节奏感是对生物自然节奏的感受和适应的结果。设计中的节奏就是从自然界中的节奏感而产生的，对于节奏的审美要求和审美能力的反映，是按照某种秩序和规律进行重复排列和延续。节奏具有动感，是时间和空间形式的交融，同时，节奏强调了个体差异，是在变化中寻找规律，这种规律给人可以预期的审美感受，是像音乐的节拍一样使人放松身心的形式感受。节奏感在视觉审美效应中的体现：一是通过有序的重复适应人的节奏，形成秩序感和装饰美，容易被视知觉感知的艺术效果；二是有规律的变化和重复调节了人的视觉秩序，形成了一种动而不乱的艺术效果。在室内设计中的节奏是由于有差异或是具有对比性的形式有秩序有规律地反复出现，而视觉中心在室内空间设计中就是节奏的主题，同时也是节奏中的一个重要的部分。就如音乐一样，将一些简单节奏加以变化和丰富，使合拍、在感情上共鸣成为艺术的享受，但它同样围绕着一个明确的主题，或舒缓或激越地进行有序的重复，让人时而沉静时而激动，失去了这样的一贯主题就会显得杂乱无章，毫无节奏可言。

韵律是节奏的较高形态，就是在节奏上加动态变化或情感因素，也就是秩序感和动感的结合，是一种有规律的动态变化。在视觉效果表现上是通过面积、体量的大小，元素的疏密、虚实、交错、重叠，色彩明度、彩度、冷暖性等多方面的因素变化而实现的，包含了多种节奏的巧妙结合。韵律是一种不规则的序列编排，它充满了流动感和运动感，能造成令人意想不到的感染力，造成外观上使人惊异的一些部位，所以，韵律表现的是动态之美，而且同人的情态有密切的联系，具有强烈的情感特征。如果说节奏存在于大量的室内设计作品的话，那韵律只存在于优秀的室内设计作品中。节奏和韵律是有首尾关系的，有前奏、高潮、低落和收尾，在一个住宅空间的室内空间环境中尽量要有一个"视觉中心"，让它维持一个主题，形成一种韵律。

2. 形式抽象与意味

在艺术中的抽象形式不同于理论的抽象，它是感性的视觉语言，把某种形态、情感特征转化为形式表现因素，从具体形态中抽取形式表现特征。在现代艺术中，抽象有着不可替代的作用，因为它能传达情感，让人引起心理上的共鸣。抽象是艺术的生命力，所谓艺术的生命力就是艺术的抽象能力，超越了一种艺术的实际能力，是视觉艺术不可缺少的手段。同时，抽象也是一种表达手段，它所要表达的情感、情调，所具有的感情色彩的形式意味，只是让人欣赏时触发感情共鸣的中介，通过这样，人们可以展开广阔的想象空间，进入一种像在音乐韵律下的陶醉状态，营造一个不同世俗的视觉世界，让人身心放松、赏心悦目，正所谓"形有限而意无穷"的效果。

在现代住宅空间室内设计中，构建视觉中心完全就是对我们居住者情感和审美的一种抽象和浓缩，就是有这样的抽象和浓缩才让人回味和思索，使人的眼睛和心灵在这里能找到寄托和安宁，缺少这样的抽象空间就如封闭空洞的空间，根本没有什么舒适、审美可言。

（三）室内空间其他元素对"视觉中心"设计的影响

1. 视觉选择性与视觉空间展示

室内视觉环境是个立体的视觉空间。人的眼睛是有向背性的，据研究表明，人的正常视觉范围是在双眼夹角的60°以内，而且人的视觉也是有选择的。基于这点，视觉中心的构建必须考虑视觉范围这一因素。一个室内空间有六个面，每个面的视觉都不是相同的，而且在不同的室内也有不同的展示面，有固定展示面、公共展示面、流动展示面等，一般按在视觉空间展示的重要程度分为主要展示和次要展示两个空间面。主要展示空间面对整个空间的气氛的营造、设计效果的艺术体现起着主要作用，在整个室内空间中应处于中心的位置，视觉中心也就应该处于这个展示空间内，这样才能让人感知和回味。次要展示空间面虽然对空间环境影响不大，但起着烘托的作用，例如相对于空间里的四个墙面，天花和地面就是次要展示面，会显得相对弱一些。

2. 室内空间类型对视觉中心构建的影响

视觉中心虽然是空间里的重点，但是在实际中并不是随意构建的，它还受到了具体的室内空间的影响。一个空间可能有一个或多个视觉中心，所以在不同类型的室内空间里应该有具体的考虑，或根据不同类型功能空间等具体因素有具体的区分。

住宅室内空间是多种多样的，通常可以有这几大类：共享空间、交错空间、秘密空间、动态空间、静态空间、虚拟空间等。按功能可以分为动态和静态空间。动态空间多以运动的物体或者人的移动来完成视觉的审美，如会客厅、视听娱乐区、空间与空间之间的过道等。这一类空间也可以是共享空间，人们在这类空间里可以体会到物质和精神的双重满足，因而这类空间具有双重的功能，是整个空间设计主题和意念的体现。在视觉中心的构建中可以考虑分组构建或者设立若干个不同空间，使整个空间具有更丰富的视觉情趣。动静结合是人正常生理需要的，所以静态空间在室内空间必不可少。相对动态空间的生动而言，静态空间的限定性、秘密性较强，基本上为封闭或者秘密型的。在处理上经常设计成安宁、简洁、平衡的静态效果，如卧室、书房等。在视觉中心的构建上，这类空间应比较单一、集中，而且在数量上也要少，设计的位置也应尽量避开空间的功能区。

3. 室内空间分割与视觉中心设计

住宅室内空间是由建筑产生而形成，从几何学的观点来看，一切空间都是由点、线、面组成的，也可以说，室内空间是分割的结果。

常用的分割方法有绝对分割、局部分割、弹性分割、虚拟分割几种。如果是一个简单的空间的话，那么这个空间本身就一览无余，视觉中心就可以比较方便构建。然而，现代住宅空间更多的是个复合多层次的空间，所以不同的空间分割方法对视觉中心的构建也有着不同的影响。绝对分割是通过如墙体等实体界面来进行限定性的分割，分割的空间绝对性、秘密性、封闭性较大，一般隔音、视线阻隔都很好，所以在构建时应考虑局部的视觉的完整性的表现。局部分割具有不完整性，通常用一些片段的界面如屏风、家具等来分割，空间的形态丰富，趣味性会有增强，所以视觉中心的构建可以在这些片段界面上加以表现，例如一个精美古典的屏风就可以作为一个视觉中心来构建。在这点上，虚拟分割更为明显，虚拟分割是一种低限定度的分割形式，界面模糊没有明确的分割，通过人的"视觉完整性"的心理效应达到心理分割，而且分割的元素也是多样的，灯光、绿色植物、家具、陈设品等都可以作为分割元素。陈设品用来分割空间可以说是室内设计中的典范，而且分割的效果较为丰富，所以空间的层次较丰富，在这样的分割方法中，视觉中心的构建常是那些具有表现力的分割元素。

4.室内空间使用者与视觉中心设计

视觉具有能动的作用，不是简单被动地感知，而是有效能动地寻找审美感受，是视觉生理、生活体验和视觉经验的积淀和融合。每个人有着不同的生活体验和视觉积淀，对室内视觉空间环境也有着不同的审美体验，所以，视觉中心的构建也要充分考虑到不同空间使用者的需求。

第二节 视觉中心设计的表现与融合

一、"留白"与视觉中心设计的融合

（一）"留白"概述

"留白"是中国传统艺术精神和哲学思想在中国绘画里的体现。"留白"带给人的是视觉的愉悦和精神的享受，以及由此产生的心灵净化感受。

（二）"留白"的视觉审美

"留白"是中国画主要的表现手法，并非没有，而是以无衬有，是"实"与"虚"的统一。黑者，墨迹也，实也；白者，纸之空白也，虚也。可以说，中国画中的一些名家都是运用和控制"白"的高手，而且"白"是最能体现绘画的艺术境界的。不同"白"的形态与大小都给人不同的心理感受。黑从白现，白从黑生，是墨迹之外的无象之象、无形之形；无语之声。在绘画时，通过黑与白发挥的关系，情感、美学思想、表现技巧等都融合转移到了一个黑白的世界，共同完成一个使命，形成一个整体。"白"赋予了"黑"无限的外延和内涵，心中有彼此相互作用，即使笔未到，也有余韵存画中，这就是中国画独特的魅力。

从我们审美主体来说，造型的美一般通过我们的视觉体验而上升到意识，最终令人感受到美。外表的形式美是直观的，而内在的美则是让我们从心理精神上感受的。留白的美就是通过它的"留"有了直观的美，通过"白"

有了上升到意识的内在美，是外美与内美的综合。在空间中，留白的美通过"留"的形状、面积、色彩等与"白"的节奏、变化与统一、动与静等一系列的组合产生。重要的不是"白"是什么，而是"白"的作用，各个形象与形象之间的"白"使人的大脑产生了审美的体验，表达了空灵的境界，也就给了人美的感受和体验。

（三）"留白"的融合

"留白"是对现实形象的抽象和提炼，在中国画中是平面上对具体实物空间的选取的体现，所以有人认为"留白"是个二维平面概念，和室内空间没有联系，其实不然，"留白"也源于对空间的感性认识和对空间美感的把握，现代住宅空间中视觉中心设计其实也是对空间整体的设计，是追求空间的美感，同样是"实"与"虚"的统一，是通过客观实体与虚形，和人的时间运动相融来实现全部设计意义的。室内的虚空间是依靠观者的联想和心理感受来实现的，严严实实、面面俱到的空间并不完美，只有流动和留白的空间才是人们需要的。所以视觉中心的设计就是体现对整体的把握和分配，使各个元素成为表现主题不可缺少的部分，而不是对设计元素的分离和排斥。除了对实体的设计以外，更应创造多的虚空间，留出更多的心灵空间，这样，空间才有了无限的延续，也为心灵留出了宽广的栖息地，这种虚实正是现代人需要的情思神游之处。

视觉中心在空间中就是通过虚实、主次来表现空间情感，让人的情感有了延续。"留白"的形式美感是通过留白之间变化与统一、动感与静感等对比产生的。所以，"留白"与视觉中心的融合可以在很大程度上充分体现整个室内空间的美感和空间情感。在具体的设计中，要突出视觉中心这样的中心元素时，其他元素就应做相应的视觉比重，做适当的留白，具体可以在色彩和光环境的留白、界面装饰设计的留白、空间布局的留白等方面加以体现。例如，利用光环境的留白来体现和视觉中心的融合，在现代室内设计中，光已经不仅作为照明的单纯功能要素，而是重要的装饰要素，可以通过不同的光营造不同的氛围，通过不同的光使视觉中心的装饰效果和空间感加强。也就是说，在设计中利用留白的手法使视觉中心更有层次、深度和重点，使视觉中心得以突出，让空间的主题被渲染。

视觉中心是个整体和谐的概念，和"留白"精神是完全一致的，两者主要是通过虚与实之间的微妙联系而产生美，所以在设计时可以将虚景实景关系处理成"不即不离、不粘不脱"。具体说，视觉中心的实景应当有超越自身的潜能和趋势，导向其中的"留白"，而"留白"应维系于实景。两者不宜过近，也不宜过远。如果在视觉中心传达过多过详，留白也就没有多少意韵可言了。将视觉中心处理得复杂，留白处也无法与视觉相联系，使人难以把握。因而，留白与视觉中心的融合，黏则滞，脱则散，实清而空现。也就是说，这里的具体可感的实景视象，必须既便于传达审美感和审美认识，又能诱导观者不无规范地进行审美再创造。视觉中心宜简洁而丰实，约束着留白，而留白则扩大、丰富、深化着视觉中心乃至整个空间的内涵。以实带虚，以虚带实，交织融合，和谐统一。

二、"意境"与视觉中心设计的融合

（一）"意境"的美，述及哲学基础

"意境"是中国美学的一个核心范畴，是艺术的灵魂，是中国画的重要组成部分，是衡量作品好坏、优劣的重要标志之一，是中国艺术追求的最高目标之一。意境是客观事物精粹部分的集中表现，加上人的思想感情的陶冶，经过高度的艺术加工达到情景交融，借景抒情的效果，是客观（生活、景物）与主观（思想、感情）相融的产物。意境是情与景、意与境的统一而表现出来的艺术境界，也是作品通过形象描写所表现出来的艺术情调和境界，体现了艺术美。在艺术创造、欣赏和评论中，意境是作为衡量艺术美的一个标准，也是衡量作品好坏、优劣的重要标志之一。

"意境"是中国美学中最具有哲学意味的一个范畴，其形成与中国的哲学有密切的关系。它的由来与中国传统文化的精神取向有着密切的关系，可追溯到先秦诸子、魏晋名士、隋唐佛学一代，是伴随中国文化主体精神的形成与发展而产生的文化观念，逐渐进入美学和中国绘画实践活动，成为中国艺术家审美心理的一个重要组成部分和再造物象构成画面的要求。意境的根本特点：从有限到无限的超越。有限指的是当前的审美对象；而无限就是我们理解的"境界"。由物的"意"见"境"就是意境的一个根本特点，也就是通过物而悟出中国哲学的"道"。

（二）"意境"与现代住宅空间设计的审美趋势

"意境"是由作者通过各种的表现方法和手段营造出的"景"引发出

主观的"情"的过程，并非客观事物的简单反映，而是经过了思想感情和审美意识的提炼达到情景交融。在情景交融的基础上，引人入胜，发人深思，让人产生共鸣与联想，让观赏者领悟到无尽美感和意蕴，是主观思想感情和客观环境的互相转化。交融后呈现的情与景，是人与自然、物与人的统一。其特点是能引导人的联想和想象，并超越具体形象。现代任何设计都强调以人为中心，现代住宅空间设计更是与人密切相连，其设计必须要满足人的生理需求和审美精神欲望。随着社会的高速发展，住宅空间的设计也不是简单的对室内六面体的装饰了，而是越来越关注设计中的"人性化"和"情感化"设计。在设计中，物象的功能设计是设计师必须做到的，而情感和精神内涵的设计是最能体现设计品质的重要环节，如何调动人们和室内空间的对话和情感是设计的重点。

在现代住宅空间设计中，营造像山水画中一样的意境，让意境成为空间的灵魂，就能使空间的"思想"和"情感"得以表达。调动人们的情感和审美，能使人超出有限的物象，引导人的联想和想象，在审美的同时伴随情感的震荡，引起感情的共鸣，这才是设计的灵魂。再者，可以使人和空间产生互动，才有交流，摆脱冰凉的现代材料，使人的情感得以寄托。人在这一空间里，可以无所顾忌，有一种心灵回归的安宁，享受自由、自然的精神境界。打破空间的物质形态，将人从有限引进无限的遐想，才有景有尽而意无穷的"神境""妙境"的艺术效果，从而调动人的情感融入这无限的境中，得到精神上的审美，感受到别有的美感体验。

（三）"意境"与视觉中心设计的融合

意境是通过"景"而引发出主观的"情"而达到一种情景交融的感受，所以不同的"景"能引发不同的"情"，在现代住宅空间设计中要营造什么样的"景"是围绕设计的主题而展开的，视觉中心就是这个主题高潮点的体现，因而视觉中心是整个空间的高潮，也是整个空间意境的灵魂。只有围绕视觉中心，才能营造出相符的意境，同样，只有相符的意境，才能使视觉中心得以丰富加强。营造与主题相符的意境是现代住宅空间设计重要的环节，与视觉中心的融合对意境的营造和空间情感的体验有着重要的意义。

1.在设计前去悉心倾听业主的需求，然后将设计和空间功能相融合

功能是定位"意境"营造的主要基础，不同的业主有不同经历和文化差

异，所以有着不同的审美品位，不同的使用功能也有不同的意境，而且室内视觉中心设计中，功能的定位和表现主题是塑造室内空间意境的主导基础，在这基础上将特定的功能升华并超越其物化功能本身的鲜明的精神内涵，并加以渲染，这样，室内的意境就能与之完美统一。

2.要选择相适宜的材料

在科技发达的今天，人们创造了许多室内装饰材料，这些材料具有不同的物理性能，体现了不同的文化意味，它们对于充分发挥室内空间的意境效果起到至关重要的作用。在视觉中心的设计中，根据不同的文化要求和意境主题，选择已有的相符材料，对意境的表现和视觉中心的设计有着重要的意义。另外，光泽、肌理等不同的质感给人的视觉产生的感知是完全不一样的，如金属的材料制品具有很强的光泽，给人的视觉感知是华丽、坚挺、精致和庄重，所以在设计中借助材料的视觉感知来直接营造视觉中心所需的意境也是种有效的设计手法。

3.在当今生态环境、生态室内空间为主流设计理念的时代，"崇尚自然"成为现代人的一种精神文化上追求的趋势

在视觉中心的设计上，直接通过借景、室内绿化、引入山石水景等自然景观到室内环境中等手段，在居住空间中进行自然景观的再创造直接融合，再综合运用织物、字画、照明等装饰元素的衬托起到呼应和点睛的妙用。如要表现自然乡土的风土人情，保持民间特色，选用地方建筑特色材料、摒弃人造材料的制品，把木材、砖石、草藤、棉布等天然材料运用于室内视觉中心的设计中，再加上其他与之相符的陈设品，这样室内环境就能体现出悠闲、舒畅的田园自然的生活情趣，空间的意境就显而易见了。

三、视觉中心视觉符号的情感表现

(一)视觉符号概述

符号是负载和传递信息的中介，是人们认识事物的一种简化手段和传递信息的中介，是信息的载体。符号的概念外延相当广泛，设计中的符号作为一种非语言符号，与语言符号有许多共性，对设计也有实际的作用。符号用形象表示概念。所谓视觉符号，是指人类的视知觉器官——眼睛所能看到的，表现事物一定性质（质地或现象）的符号。在设计中，可以把设计的元素和基本手段看作符号，通过对这些符号的加工与整合，来达到传情达意的

设计效果。

　　住宅空间室内设计是满足室内空间的性质与用途，与建筑相适应进行的室内环境设计，通过对空间、构造、形态、色彩、材质、艺术品等进行的综合性整体设计，既满足不同的使用功能，又具有特定的审美功能。这些功能和审美必须通过符号才能让人们接受，所以在设计中，为了情感交流，为了营造艺术氛围，可以将符号融进设计，因而室内的视觉符号在设计的作用就显得尤为重要，室内空间的视觉符号是由各种各样的材料构成的，它们由于有不同的色彩、质感、形状，具有不同的组合方式，因而形成了丰富的代码，并通过人的视觉体验被人们所接受，体现了设计的情感。正是由于视觉艺术符号的运用，设计的审美体验和审美构思才能从意识形态转化为人的审美体验，人在空间里和整个室内空间环境在更高的层面上进行相互间的体验，这样才是一个好的设计。

　　（二）室内设计中的视觉符号

　　从古到今，视觉符号作为表达情感的手段，传承着人类的物质文明和精神文明。在现今的信息化时代里，越来越多的具有文化内涵的符号丰富完善着人们的生活。视觉符号是文化和情感的载体，要使设计完善就要深入剖析视觉符号的文化和情感含义，没有文化和情感的设计是肤浅的设计。

　　室内设计的视觉符号，具有内容和形式两个方面。符号的内容是设计作品要传达的信息，符号的形式即符号的外在结构。符号的形式呈现给我们的是视觉感官的外在形式，是设计文化和情感的表达形式，是信息感性的表露，而信息符号的表达内容，是符号的内蕴，是设计真正的目的。因此，设计师将信息经过编码，转化成便于识别的符号形式，并通过对接受者的文化结构、心理结构、审美结构充分的分析，来引起接受者心理和生理上的共鸣。

　　一个设计好的室内空间，不仅仅是人们生活的场所，更是人类情感的容器。情感是联系住宅室内空间和业主的纽带，是两者产生共鸣的前提。美学家黑格尔说，美是理念的感情显现，是心灵的东西从感性中显现出来，并使两种融合为一体。这一论述说明了一件艺术品，无论它的表现形式如何，能够唤起人们内在的情感才是最重要的因素。

　　任何符号都有一定的文化内涵，它们必须围绕着特定的主题有机地结合在一起。这里的符号是一种艺术表现性符号。室内设计是情感表现的艺术，而情感也正如一根生命线一般贯穿于设计创作的始终事实上，一切被称为艺术的设计作品，都是以形式符号来表达某种非物质的精神内涵。设计师—室内设计作品—业主，三者形成了一个情感信息的互动系统。人们对室内视觉符号的认识过程，其实就是符号把信息转移给认识主体的过程。设计师把文化和情感因素注入视觉符号上，把生活的信息情感化、形象化，也就是设计作品通过视觉符号把情感和文化客体化，把符号作为转移情感的载体。在人们与自己生活的室内空间接触的过程中，认识主体的内在情感与室内视觉符号传达出的文化和情感相撞击，就会让主体产生共鸣。视觉符号在信息的转移过程中就起到了情感转移的中介作用。

视觉中心是整个室内空间的设计精彩点，也是设计文化和内涵的视觉体现。设计师重点营造的一个视觉符号，不仅是来自视觉表层的符号形式，而且是发自深层的情感及文化内涵情感和文化内涵通过视觉中心的的融合，使空间摆脱功能的束缚，由一种物质形态升华为一种精神境界。

（三）视觉中心的视觉符号的情感表现

任何一个设计作品中，与审美主体的交流，实际上是一个信息传递过程，是通过一定媒介载体在时间或空间上互动的行为。设计活动是一种交流和交换审美信息的行为，是一种以审美信息交换为目的的视觉活动。符号的使用与创造一定要准确、恰如其分，并与其他造型因素统一。视觉中心具有记录空间的情感和文化的功能，能定格精彩的瞬间，使它成为空间的一个亮点。提炼一种和整个空间环境相共鸣的符号，这个符号能有机地把空间里的各个元素联系在一起。室内设计中的视觉中心就是一种艺术性符号，是体现空间形式和内容的表现性符号，具有一定的文化内涵和情感体现。视觉中心符号只有体现在一定的情感因素中，围绕着一个特定的主题和环境，视觉中心在室内空间中的意义才能得以充分体现。

视觉中心的设计不是随心所欲的发挥，也不是单纯从视觉上创造某种完美的艺术品，不仅要遵循一定的美学原则，也要表达特定的文化内涵和情感，使设计成为一定的文化的隐喻或者情感的体现。将符号引入视觉中心的设计中，以某种手法形成某种形式去表达某种观念和思想，再通过使用者对符号的阅读，视觉符号传递尽可能多的东西，让使用者理解和感知，这个过程被人们称为"共鸣"。艺术符号作为人类情感和精神的客观化的一种独特形式，和其他符号一样，一方面是情感的表现，另一方面又是精神的外现。如果一个设计作品中没有倾注情感，而是一味地追赶形式，是难以激发人们的美感的。因此，视觉中心应该是一种情感化的符号，但是它本身并不会产生或者表达情感。在信息传达的过程中，视觉中心的视觉符号起着情感转移的中介作用，因而总是"表现情感"或"唤起情感"的，也是个"阅读—理解"的过程，通过这一过程建立起视觉中心—视觉符号—欣赏者这样的一个情感信息反馈系统，这种系统的存在促成了信息的延续和传递。在主体和欣赏者之间的情感转移中，实现对室内空间情感的表达。

设计的过程就是审美感情的表现过程。设计既反映客观世界，又表现设计师和业主的主观世界。但是，无论客观世界还是主观世界，都是经过了人们的思想感情浸润了的产物，有目的地选择最能传达情感意义的构件元素进行重组，这些元素可以是社会文化、个人的情感体验，也有可能是地域文化等，这些元素要符合表达主题的内容和要求，将重点放在某种独特的空间元素的寻觅上，使之发挥影响力和亲和力。

第三节 室内设计中的视觉心理学应用

一、秩序感

（一）人寻找秩序的本能

我们周围的世界，大到星体运行的轨迹、大海浪花的波动，小到奇妙的结晶、花瓣或树叶的形状、鸟的羽毛图案、昆虫的外壳等，无不显示出令人惊讶的秩序感。

人们天生就有一种根深蒂固的思维倾向，即把对秩序感的把握视为人类大脑的独特能力。人本能地渴望秩序，秩序存在于自然生态中，生物界从形态、结构到活动规律，处处体现着秩序。我们生活在一定的秩序中，感受着秩序、欣赏着秩序，也调整着秩序，秩序感深深积淀在视觉心理之中，是适宜人类、调节心理的形式之本。室内设计的根本目的是于混乱中创造一种秩序性，这种秩序使我们的生活更舒适、安全。人类生存在有序和无序的状态之中，努力适应有规律而又多变化的社会节奏，感受着秩序与杂乱的两极。人天生具有秩序的生物机能，秩序感成为生理上的适应、心理上的需求和实用上的需要。人们在纷繁无序的世界中不断地寻找心灵上的秩序，在单调乏味、重复的生活中又追求着变化。人具有适应秩序、感知秩序的本能，还有对生活中秩序感的判断和选择的多样性要求。艺术设计就是在现实秩序难以令人满意的情况下，借助艺术创造的秩序感来调节以达到一种平衡。

（二）秩序感的形式构成因素

现代室内设计在表现方式上更多地体现为对形式上的设计，设计的多样性也表现为形式的变化。形式美也成了室内设计的一个重要组成部分。

（三）室内设计中的秩序化方法

1.艺术形式的秩序化

秩序化在表现形式上的具体特点之一，是将结构简化，使之成为规范的几何形态。这也是在多种秩序关系中寻找适度变化的基本规律。在室内设计中，把对象按照特定的形式排列，把图形有规律地排列，就会给人带来秩序感，更加简洁。减少细节变化、突出基本形态也是常用手法。

2.在秩序中寻求变化

人对秩序感的需求是一种本能，对变化的需求则是另一种本能。多样而统一是差异面与对立面的有规律结合，是审美的基本要求之一。在室内设计中寻求对比与微差，即是寻找图形、形体在空间形态中的对比，质地、肌理方面的对比，色彩方面的对比、虚实之间的对比，动态和静态的对比等。有人说对比是差异明显强烈的视觉造型因素，甚至是处于相反关系即对立关系的视觉造型因素的并置。对比容易成为视觉的中心点，起到使造型活跃的作用。要展现事物的独特之处，就要将它置身于矛盾和冲突之中，在视觉上获得一种张力，打破呆板、单调的格局，设计也因此富有生气和活力。对比是以牺牲秩序为代价的，建立在矛盾另一方的"痛苦"之上。

二、视觉的整合

（一）完形心理

所谓的"完形"，是指形式表现的整体关系，是把形式因素之间的关系以及形式与表现内容之间的相互关系、相互作用视为一个整体。"完形"可解释为两种含义：一是指事物所具有的一般属性，即形式上的完整性；二是指个别特殊实体的形式属性。

（二）整体效应

1. 整合与补充

整体性是视觉心理的最重要特征，视觉不仅能从那些复杂的形态中排除多余成分，达到简化的作用，而且还具有对原有秩序进行延续和完善的能力。贴近性是指各种形式因素之间的距离彼此靠近，共同形成整体。在组织形式关系时，形式因素的布局和距离也是一个需要考虑的因素。在室内设计的布局上，形与形之间的贴近或接触、重叠，都会被看成有联系的整体形式，布局上的疏密关系实际上也是通过视觉归纳后形成的不同疏密体对比效果。

视觉心理有一种推论倾向，可以把不连贯的、有缺口的图形尽可能在视觉心理上得到弥补。这就是知觉的整合、补充、闭合的视觉心理倾向，一种由生活经验产生的能动作用。用视觉心理学来解释，这种现象被称为"视觉延续"，是人们根据以往的视觉经验对看到的物像进行总结和补充的结果。

在室内设计中，除了上述完整性外，我们还会遇到一些不同的物体或要素从周围其他事物组成的环境中分离出来，而被整合为一个视觉整体的情况。比如在房间中，和沙发、茶几接近的物体会被看成整体，展厅中悬挂的绘画也是一个视觉整体，我们可以利用这些规律来把握和处理室内设计中的虚实关系，一个完整的形态可能会显得单调与乏味，人的想象空间会自动对形态进行整合，因此，高度秩序感和一成不变的规律并不能给人带来视觉的愉悦。

2. 简化

简化也是视觉心理学的基本需要之一，是物理式样自身的客观性质。在特定的范围内，视觉倾向于把任何刺激式样以一种尽可能简单的结构式样组织起来。

从物理学来分析，任何一个一致场中，各种力的分布最终会达到一种最规则、最对称和最简化的结构。这个场越是孤立，场中所包含的力的活动就越没有约束，而力的活动越是自由，最后得到力场的分布图示就越是简化。

在大脑视皮层区域，这种简化趋势同样明显。当一个刺激式样投映到作为力场的大脑视皮层时，就会打乱原有力场的均衡态，之后力场会竭力去恢复原有状态，其复原程度取决于刺激的强弱。

在当代室内设计中，使用最多的词要数"简洁"了。简洁包含三层含义：

首先是形式和内容的一致性，其次是形态的组成干净利落，最后是设计的内容不复杂。格式塔心理学研究表明，人的眼睛总是倾向于把所观察的式样看成已知条件所能达到的最简洁的状态。也就是说，我们的视觉具有提炼、简化的功能，它总是能从那些细节繁多、信息错杂的形态中排除不重要的部分，最大限度地归纳、简化成尽量规则、富有秩序感的形态。简洁的式样能使人感到平静与舒适，因此，在室内设计中，我们需要重复利用形状的简化趋势因素，模拟使用者的记忆痕迹，利用图形、形体的模糊性来达到某些正常方式下较难实现的意图。

3. "图"与"底"的关系

"图""底"关系在平面设计和建筑设计中都经常提及，指人的眼睛自觉地对图形与背景做出分离。注视表现为心理活动的一种积极状态，使心理活动具有一定的方向性，指向某个事物或者事物某一个部分，使之成为注视的重心，同时将重心周围的事物或离重心更远的事物置于注视范围之外，这种图形就表现为"图底"关系，注意中心成为"图"，周围事物变成"底"。"图形"与"基底"的关系，是指一个封闭的式样与另一个和它同质的非封闭背景的关系。处理室内设计中的图底关系也是非常重要的。例如，家具、陈设和装饰画等相对于地面、墙面和顶面往往被视觉系统定义为"图"，地面、墙面、顶棚则被视为"底"。生理学表明，人在观看时眼睛无法对看到的所有对象进行聚焦，只有被注视的那部分才是清晰的，其余部分变得模糊，人眼会不自觉地区分图形和背景。研究"图与底"的关系时创造的心理学图形中，这个图形既可以被看成是一个白色的杯子，又可被看成是两个脸的侧面，它的"图"与"底"是可以相互转化的，这又取决于人的视觉。在设计过程中，应该明确区分出"图"与"底"的不同，利用"底"去突出"图"，避免"图底"关系的不明确，使人产生不安的情绪。

"图"与"底"的产生有自身的规律，例如，完整的封闭形态为图，相对较小的形态为图，色彩鲜明的为图，秩序感强的为图，动态的为图；开放的形态为底，静止的为底，有后退、下沉感的为底等。这些原理为设计提供了理论依据，巧妙运用这些规律可以创造出更为丰富的效果。

在室内造型的领域内掌握视觉和视觉对图形的影响对于了解室内设计的形态是必要的。任何一种视觉形象都是存在于它的背景之上的，同时也在我们的视域之内，我们所看到的实体不是孤立存在的，而是"形"与"形"、"图"与"底"的相互关系构成的图形，图与底需要通过对比才能产生差异，才能被我们所看到，差异越大，图形和背景之间的界限越清晰，越容易被感知：在室内设计中，运用视觉差别的相对性才能创造出具有生动的视觉感官的室内空间。在区分图形与背景的过程中，视觉有自动组织性和归纳性，当人眼看到可视的图形差别时，人脑会带动眼睛自动归纳，把相似的部分归纳成一种"形"。这些相似的形在大小、方向、色彩、质感等方面有共同的特征。

在室内设计中，区分出"图"与"底"是十分重要的，要是"图"没有从"底"中跳跃出来，那么整个空间就会显得杂乱无章，没有重点。无论是公共空间还是居住空间，在室内装饰上面，设计师总是会选择一个主题，并把空间的某一个立面作为重点来强调，使之与其他部位有所区分，使空间中的"图"与"背景"分离开来，这样的空间才会有好的视觉效果。商业空间的处理更是如此，设计师需要将空间大块面积处理的同时，还要通过色彩上的对比、大小的对比衬托出商品这个"图"，让客人进入空间的时候首先注意到的是商品，而不是商店的收银台或是墙面，这样才能达到促进销售商品的目的。

三、形状与形式

（一）平衡感

1. 物理平衡与视觉平衡

从物理学意义来讲，一个物体各个作用力互相抵消的时候，这个物体就处于平衡状态。例如，两个大小相等、方向相反的力作用于同一事物的时候，物体就会达到平衡。对于任何一个物理事物，都能够找到一个支撑点使其达到平衡状态。同样的道理，通过反复试验找到一个视觉对象的中心点，按照力场理论，当外界事物的刺激是大脑视觉皮层中的"力"相互抵消时，人的视觉上才能感受到平衡。

视觉平衡也就是我们所说的均衡感，在生活中，可以根据以往的生活经验和视觉记忆来判断物的分量，从而判断观察对象是否平衡。以人自身体态来看，正面是对称的平衡，而从侧面来看则达到一种均衡状态。

2. 室内设计中的平衡感

空间中的所有要素都达到了一种平衡的状态，是一种视觉上的平衡。对室内设计作品的每一次观看就是一次视觉判断，这种判断是与观看过程同步的，是观看活动中不可分割的部分，而观看者的感受就是视觉判断的结果。对作品的视觉判断，通常首先都是在潜意识里对大尺度空间进行摄取，然后再逐步细化。在对空间的观察中，视觉并不仅仅局限于事物固有的空间位置一个方面，事实上，没有一个事物是脱离于其他事物孤立存在的，看到一个事物，就意味着在整体中给这个事物分配了一个位置和相应的属性，包括空间位置、大小、距离等，每一个事物（空间）都是更大事物（空间）的一个有机组成部分。

从视觉心理学的角度看来，存在即是被感知。这种感知是视觉活动中不可缺少的内容，它类似于物理力场，具有方向性和量度，在视觉心理学研究中被称为"知觉力"。这种力并非虚幻，它实质上是活跃在大脑视皮层的生理力的对应物。

视觉是由光线反射进入视网膜产生的。这些视网膜接收器，尤其是负责感受视觉式样的锥体细胞，都是自我完备的组织。锥体与锥体之间几乎没有联系，许多锥体细胞还存在着与视觉神经的单独联系。另外，大脑视皮层本身就是一个电化学力场，电化学力在其间自由地相互作用，这样就导致整个视皮层区域中的任何一点，只要受到刺激，就会将这种刺激扩散到临近区域。运动幻觉实质上是由大脑视皮层中发生的生理性短路引起的，通过这种生理性短路，能量从一个刺激点转移到另一个刺激点，它们之间的相互作用就是一种力的相互作用。

由大小空间及其包含事物嵌套而成的图景中，各个物质自有其场力，由其分别发散出的力场强弱来实现空间中心的分配，这一中心点是不可见的，但却是可以被感知的。在图景中的任何位置都会受到这一力场的影响，但在中心点的位置，各方面的力能达到平衡，但平衡与静止不同，这个平衡中心点是充满张力的平衡。实验可以证明，这一感应现象并非理性经验的结果，而是直接感知到的整体事物的不可分割的部分。

视觉心理学有一个原则性结论：每一个心理活动领域都趋于一种最简单、最平衡和最规则的组织形式。在审视室内设计作品时，我们总会不由自主地注意造成平衡的因素，一种视觉式样是不能忽略空间环境结构的影响而被孤立对待的，一旦形式结构与位置结构之间出现矛盾，势必会造成感官判断上的模糊。这就要求组成空间的所有要素的分布必须达到一种平衡状态，达到这种平衡状态的要求是，保证图景空间中的事物对大脑视皮层的各种刺激结果综合后，可以使得视皮层中生理力的分布恰好达到相互抵消的状态。只有这样，视觉经验才能平衡，这种平衡态既是物理平衡也是心理平衡，是构成物态与心灵和谐的必须。

平衡的确立取决于两个因素：重力和方向。

（1）重力

事物的重力是由其在空间中所处的位置决定的。位于上方的重力大于下方，同一物体距离越远，其形象在透视上就显得比周围的空间越大，越是远离平衡中心，重力越大。重力也取决于大小，物体越大，重力越大。重力还取决于辐射效用（色彩），红色比蓝色重，明亮色彩比灰暗色彩重一些。孤立独处也能增加重力；形状也能影响重力，越是规则的形状，重力越大；集中性（物体向中心集聚的程度）也能影响重力；方向能影响重力，垂直走向的形式，重力比倾斜走向的形式的重力大；经验（知识）也会影响重力。

（2）方向

方向和重力一样，也会受到位置的影响。作为空间的组成元素，不管是可见物体，还是容易被忽略的隐蔽结构中的组成成分，其拥有的重力都会吸引周围物体，并对周围物体的方向产生影响，进而影响观察者的视知觉。

由吸引产生重力，进而产生方向感和动感，例如空间中包含的每一个特定形态的事物都有其自身的轴面（线），这些轴面能产生一股具有方向的力。事物内容（题材）能产生具有方向性的力，动静对比也可以产生方向力，可以通过增加静态物体的重力来实现平衡。

在室内设计的空间构成中，必须通过合理分析各种力的相互支持和相互影响来构成整体的平衡。力场的复杂性决定了平衡构造的困难程度，又由于不同的观察者会注入不同的经验影响，导致对视知觉平衡的微调，所以其难度可想而知。实际上，空间的平衡只能部分地取得，没有绝对意义上的平衡，只能在不断地调校中达到更深层次的平衡。

（二）动感

1. 相对运动

从物理学的角度来讲，运动本身是相对的。从视觉心理学来讲，观看是一种复杂的过程。眼睛有两种运动信号系统，一种是直接在视网膜上产生的运动信号，一种是由运动吸引眼睛或头部转动而引起对运动的知觉，被观看的物体自身不动，其背景发生的移动也能在视觉上产生动感，例如夜晚的浮云飘动会让人感觉是月亮在"走"。视觉心理学研究表明，小的物体在大的背景下，无论是哪一方在运动，人们都会认为是小物体在动，另外一种造成相对运动的方式是视线的移动，也就是观察者自身的运动产生动感。相信我们都亲身体会过坐在火车上看邻近的火车，一旦自己车体开动，便会形成邻近车在开动的错觉。

2. 形式上的动感

运动感是空间位置移动时我们感觉到的运动状态，例如飞机在夜晚降落时，灯光呈放射状向后闪动；坐在开动的火车上会感觉背景的物体呈线状模糊向后移动，快速运动使得形态上发生变化，最常见的是顺着运动方向，运动的主体和背景之间就会出现模糊的边缘，用这种抽象的线条表现这种运动状态就是模拟动感最常见的方法。

"频闪效应"是心理学家经常提起的名词。在娱乐空间的设计中，特别是舞台上常采用一种快速闪亮的频闪器，通过灯光的快速变化，舞台上的连续动作被分解成不断闪现的瞬间动态。相反，如果将原本静止的物体依次在不同位置上瞬间显示也能产生动感，例如在灯箱广告上的霓虹灯，灯光依次闪动，给人流动的感觉，视觉冲击力更强烈。

在大框架下，主轴线会影响到内部物体的方向性，以致以外部定向取代内部定向。在物理空间中，垂直的定向显得特别重要，因为它恰好与重力的方向相吻合，这并非仅仅是由视觉机制的内在性质造成的，而是渗透了我们对于物理世界的观察造成的。

3. 重心不稳的动感

静止不动的物体，用物理学来分析，其重心有时垂直在某个支点，有时集中在几个支点之间。在室内设计中，也可以通过重心不稳的特殊形态制造动态效果，例如倾斜线、楔形等。生活经验会让我们觉得放在倾斜面上的物体更具滑动感、冲击感，这是视觉心理在影响我们的生活经验。在娱乐空间中，我们会经常使用这种手法创造运动感。

倾斜会造成重心不稳，产生渐强或者渐弱的动感，这是由于倾斜的部分看上去逐渐偏离或者接近了水平轴线或垂直轴线的稳定位置。在深度距离上发生的倾斜，通常是以逐渐脱离或逐渐接近这两种方式展开的，这两种方式会显示出一种内在张力，如果再配合上深度的渐变，那么就很容易在静态的室内设计作品中注入动态的元素，使整个场景显得生动。

4.曲线的动感

曲线是最具有动感的形式，常常是运动的轨迹。简单曲线定向运动会产生运动，没有固定方向运动的曲线也会表现为自由的灵动感，用线条去散步，追逐线条变化等便是对这一点的精彩描述。其他学者对这些曲线作用有进一步论述，认为线条可以表现犹豫不决、四处搜索等动态。总的来说，曲线表现了生命的运动轨迹，是一种灵动感。

曲线就像音乐的旋律，天生具有动感，通过曲线来处理空间，能产生动感，也能达到良好的视觉效果。

（三）节奏与韵律

1.节奏

自然界中，昼夜交替，潮涨潮落都是具有节奏感的，由此产生的对于节奏的审美要求和审美能力反映在设计中。

体现在室内设计中的节奏是由于有差异或是具有对比性的形式有秩序有规律地反复出现。节奏不等同于重复，节奏具有动感，是时间和空间形式的交融，而重复只是对形态的把握，没有时间的概念；节奏强调了个体差异，是在变化中寻找规律，而重复则不具备个体差异性，是完全的同一，不具变化性；节奏是一种欢快、徐缓的秩序，重复是一种简单、直接、枯燥的秩序。

2.韵律

韵律是节奏的较高形态，是面积、体量的大小，元素的疏密、虚实、交错、重叠，色彩明度、彩度、冷暖性等多方面的因素变化而实现的，包含了多种节奏的巧妙结合。在表现变化的方式上，节奏和韵律是不同的，节奏的序列是规则的，产生一种庄重、爽直、明确的印象，而且强调高调，它必然引起一种感官上的感受。在规则的序列中，很少遇到偶然和意想不到的迷人之处，有意识的设计之处总是显然的。韵律是一种不规则的序列编排，它充满了流动和各种运动的感觉，这种不规则的序列，能造成令人意想不到的感染力，造成在外观上使人惊异的一些部位。由此可见，节奏的秩序感要比韵律强，但就艺术感染力而言却又弱于韵律，如果说节奏存在于大量的室内设计作品中，那韵律只存在于优秀的室内作品中。

室内设计是一个与环境和空间交互的设计活动，因此，要借助连续的视觉在运动中认识空间组合和环境的个性。无论是对节奏还是对韵律的运用，都要与一个人在室内的大致活动顺序相一致。节奏和韵律是有首尾关系的，有前奏、高潮、低落和收尾，因此，观察顺序的安排是理解韵律的前提。在一个室内空间环境中尽量要有一个"中心"，维持一个主题，有同一种韵律。

四、视觉的变异与恒常

（一）错觉

1. 高矮调节

这是在室内设计中运用最常见的手法，即在一个大的空间中做局部吊顶，这样没有吊顶的部分就显得高一些。

2. 虚实处理

通过玻璃等材料做隔断，营造一个封闭的空间，在视觉上是通透的，实际上是完整的空间。这种处理手法可以使空间得到延伸和扩大，已在办公空间、商业空间等地方大量使用。

3. 温度调节

是指通过人眼对颜色的感知来调解对温度感觉，例如在厨房大面积使用天蓝色，我们会感觉温度下降了 2 ~ 3℃，这也是我们在橱柜的选择上尽量避免使用橘黄色的原因，因为橘黄色是最暖的颜色之一。

4. 粗细调节

这是通过两种不同材料的对比来凸显某一材质的某一特性，在商品的包装上常常使用这种方法，例如将光亮珠宝放在深色的衬布上会显得格外耀眼。在室内设计中的应用也同样如此，比如在玻化砖或是实木地板周围，铺设一些相对粗糙的材料（比如鹅卵石），地板则会显得更加光洁，这就是在对比下形成的错觉。

5. 曲中间直

这也是室内错视觉处理中常用的手法。原有的建筑在天花板的处理上难免出现不平整的现象，我们在设计时可以通过加强四条边附近的平直角，从而增加视觉上的整体平整度。

在室内设计中，我们运用错觉可能是为了使空间产生某种特殊的效果，也可能是为了改善某种缺陷，但是有一点是值得我们注意的，那就是我们在运用错觉的时候要把握一个"度"，不能滥用，避免引起视幻觉。

（二）变异与同化

1. 形状和大小的对比差异

几何形状错觉是几何和现行的组合产生的变异导致的知觉错误。由于对周围事物对比的相对大小造成的正常的直线发生了虚拟的弯曲感，掌握和运用这一规律可以避免设计作品中出现由此产生的错觉。古希腊建筑中常使用"视觉矫正法"避免使大型建筑因错觉而弯曲，器皿造型有时也需要校正，肩腹微凸可避免直线行的凹陷。另一种情况则是"假定图形是透射在三维空间中"的"多义空间"，视觉对图形的判断会闪烁不定。

由生活经验可知，两个相等大的方形放置在圆中，处于圆内的方形看上去要比处在大圆内的方形大一些，即在接近狭窄的夹角处图形显得大些，而处在宽敞处的物体会显得短小些。这个道理同样也可运用在手绘室内效果图中，在面积较小的空间里避免摆放过大的家具或装饰品，否则会显得房间更加拥挤；在大空间里摆放物品时则应该考虑体量稍微大一些的，以免使房间显得空旷。用视觉心理学来解释这种错视现象则被称作"透视现象"。人们会先把夹角线想象成为消失点集中的透视线，然后再不自觉地根据近大远小的规律把接近视点的小物像判断为大的，格式塔学派把此现象称为"视恒常原理"。

2. 色彩对比产生的差异

色彩错视主要因色彩的对比和色彩的空间混合而产生，即因不同性质的色彩并置而影响视觉的准确性，如明亮色的扩张和深色的收缩，会使同面积的色彩显得不一样大。而同一色彩放在不同的环境中，明度感也会不同。其他如补色对比、冷暖色对比也会产生错视。色彩的空间混合错视是不同色彩的点、线并置，在一定距离外会被看成第三色，如电视机的彩色由红、蓝、绿三种光点混合而成，印刷的色彩则由黑、蓝、红、黄四种网纹混合而成。这种空间混合，早已被点彩派绘画所利用，室内设计中的此类例子也不少见。

通常来讲，占主导地位的大面积对比色，可以使对方的色相朝自己的补色或对比色的倾向转化。例如，同一种绿色，被蓝色包围后，色相偏黄，而被黄色包围后，则色相偏蓝。这是因为绿色所含的蓝色成分在纯蓝色的对比之下被弱化，而黄色的特性被突出；绿色在纯黄色的对比之下，蓝色因素显得突出，而微弱的黄色成分在饱和的蓝色中便悄然隐褪。

3. 强烈对比产生的幻觉

互补的颜色会强烈地刺激视觉，使之主动去寻求一种调和的色调来缓冲，具有倾向性的色彩幻觉由此产生。色彩学家告诉我们，两种色彩的交界处就像战争中的前线，是冲突、对比作用最强烈的地方。在平面设计中常常采用勾线或者加边的方法，实际上就是在两色的交界处加上一条隔离带，可以起到加强或缓冲作用，这是局部调整色彩的有效手段之一。

在视觉过程中，强烈地刺激作用停止后，仿佛会在眼内留下一道"痕迹"，这种刺激后效被称为"后像"。如果这一痕迹的性质（如明度、色相）同原本的性质感觉相符，它就叫正后像；如果刺激的痕迹向相反的方向变化，这种后像就叫负后像，例如眼睛被红色刺激后的负像为它的互补色绿色。

室内环境中的造型是指一个事物在形式上的外在体现，是艺术表现的一种重要手段，在环境设计中无处不在，例如室内的家具、陈设、日用品等。在环境感受的过程中，造型起着至关重要的作用，例如室内摆放散乱的麻绳编织而成的藤椅散发着自然的气息，而波浪形随意扭曲的椅子则伴随着更多的想象空间，充满自由的韵味。造型是一种特定的信息加工和交流的形式，设计师将生活中获得的视觉信息和非视觉信息通过形象思维进行加工，再把这些信息加工成事物，在人们感受这些实实在在的事物的过程中，信息被传递给了观赏者，这个过程也是设计师与观赏者之间的交流。

（三）视觉恒常性

视觉恒常性是指视网膜对一些熟悉、常见的事物，有一种持久、稳定的知觉，往往不受环境变化的影响，如暗房中红灯下的照相纸，谁都会认为它仍是白色的。视觉恒常性使室内设计在形式上可追求多样性和趣味性，又保证正确性，如文字的变化有时很大，单看一个字容易误读，但上下文字相连时，利用视觉恒常性就不易误读。

视恒常现象是由于人们的生活经验的参与而修正了眼前所见，这是人类生存所必需的功能现象之一。生活中有很多这种现象，例如，有人从距离我们20米的地方朝我们走来，当他走到40米的地方，我们也不会把原本1.8米的个子看成0.9米，而实际上在我们视网膜上的成像已经比原来缩小了二分之一。虽然在视网膜上的成像缩小了，而知觉成像大小却没有改变。也就是说，根据人以往的经验，视知觉自动纠正了视网膜上的成像，使视觉对象原来的恒常状态有所改变了，这就是所谓的视觉恒常。

在室内设计中的应用也很多，例如，把两种面积相等的条状分割线，分别以不同的对比色彩交错在一起，由于对等的矛盾激化了色彩的冲突关系，可以形成炫目效果和波形效应。如果将色彩对比的强度适当调控，还可以制作出具有闪烁感的光效应效果。根据某种特殊需要，炫目效应也是一种有效的艺术表现形式。从舞厅中刺激的音响和灯光效果与广告设计所追求的特异效果来看，和谐或刺激都是一种需要，各种错觉效应也都可以找到它的用武之地。

五、色彩的视觉反应

（一）冷暖与远近

色彩通常被分为冷暖两大类，冷与暖之间没有明显的界限来区分，是相对的概念，蓝绿色为冷色的代表，红橙色是暖色调的代表。波长长的红光、橙色、黄色光，会带来暖和感觉，照到任何其他色光上也都会有暖和感；相反，波长短的紫色光、蓝色光和绿色光有寒冷的感觉。实际上，以上的冷暖感觉，并不是真的能影响人们的温度感觉，而是与我们的视觉与心理学联想有关系，设计中要注意冷暖色调的搭配，以使用者的适用为前提。

在恒定温度的室内，不同颜色在温度的感觉上几乎没有差别，即便是有差别，严格地讲也只是理性上的影响，只是一种信念，即这种颜色暖些或那种颜色冷些，但是并不真正影响一个人的温度舒适感。颜色可以对人有某些直接的生理影响，例如血压、呼吸速度和反应时间的变化。众所周知，红色可以促使血压升高和脉搏加快，使人兴奋，青色则在心理上起着镇静作用，因为它有降低血压及减缓脉搏的效果，所以在室内使用蓝绿色装饰和红橙色装饰会给人带来明显的冷暖感觉。在设计中也可以根据气候的不同，采用冷色或暖色的光源或色调来从心理上调节室温。

色彩的冷暖既有绝对性，也有相对性，其特定的温度并不是仅仅由色彩自身决定，也会受到亮度和饱和度的影响，比如越靠近橙色，亮度越高、色感越热；愈靠近青色，亮度越低、色感愈冷。红比红橙较冷，红比紫则较热。此外，还有背景色的影响，如小块白色与大面积红色对比下，白色明显地带绿色，即红色的补色影响加到了白色中。可见，色彩的不同搭配和混合会产生出不同的效应。

除了感觉色彩的冷暖，我们也常常提到色彩的轻与重、远与近。实验表明，在室内空间中，适当地使用色彩，可以改善原本不足的空间比例。根据色彩原理，"暖色向前，冷色后退""深色产生紧缩的感觉，淡色引起扩大的感觉"。一般暖色系和明度高的色彩具有前进、突出、接近的心理效果，而冷色系和明度较低的色彩则具备后退、凹进、远离等效果。因此，在室内装修中，我们运用色彩原理，根据空间的大小和使用需求来"扩大"或"缩小"房间。

冷暖色调可以塑造重量感，明度和纯度高的暖色调显得轻，如桃红、浅黄色，而黑色等冷色调则显得致密、厚重，在室内设计的构图中常以色调的搭配以表现某些心理需求，如轻飘、庄重等，只有冷暖和谐才能达到平衡和稳定的需要。

冷暖色调还具备尺度感。色彩中暖色和明度高的色彩具有扩散作用，因此物体显得大，而冷色和暗色则具有内聚作用，因此物体显得小。不同的明度和冷暖有时也通过对比作用显示出来，室内不同家具、物体的大小和整个室内空间的色彩处理有密切的关系，可以利用色彩来改变物体的尺度、体积和空间感，使室内各部分之间的关系更为协调。

（二）色彩的心理特征

1.红色是所有色彩中波长最长的，它是对视觉冲击最强烈和最有生气的色彩，似乎具有凌驾于一切色彩之上的力量。它炽烈似火，通常被视为是生命崇高的象征。人眼晶体要对红色波长调整焦距，它的自然焦点在视网膜之后，因此产生了红色目的物较前进、靠近的视觉错觉。高纯度的红色运用在室内装饰上，就像炙热的烈火，让人眼前一亮，具有很强的视觉冲击力。当其明度增大转为粉红色时，就戏剧性地变得温柔、顺从。

2.橙色的波长仅次于红色，因此它也具有与红色相似的特征。橙色比红色要柔和，但亮橙色仍然富有刺激和兴奋性，浅橙色使人愉悦，是暖色系中最温暖的色彩。橙色常象征活力、精神饱满和交谊性，它实际上没有消极的文化或感情上的联想。橙色的墙纸常用在餐厅中，因为橙色的光线反射到食物上，能使食物看起来更新鲜，让人食欲大增。

3.黄色在色相环上是明度级最高的色彩，它光芒四射、轻盈明快、生机勃勃，具有温暖、愉悦、提神的效果，常为积极向上、进步、文明、光明的象征，但当它浑浊时，就会显出病态，容易让人产生反感。明快的黄色墙面与沉稳的深色中式家具搭配的空间，黄色变得不那么跳跃，黑色的家居也不那么沉闷。

4.绿色是大自然中植物生长、生机盎然、清新宁静的生命力量和自然力量的象征。从心理上，绿色令人平静、松弛而得到休息。人眼晶体把绿色波长恰好集中在视网膜上，因此，它是最能使眼睛休息的色彩。

5.蓝色在各个方面都是红色的对立面：在外貌上，蓝色是透明的和潮湿的，红色是不透明的和干燥的；从心理上，蓝色是冷的、安静的，红色是暖的、兴奋的；在性格上，蓝色是清高的，红色是粗犷的。蓝色给人的心理暗示是安静、清新、舒适和沉思。蓝色的大海与白云的美妙搭配演绎出地中海风格装饰，展现出自然休闲的生活方式。

6.紫色是红蓝色的混合，是一种冷红色和沉着的红色，它是波长最短的可见光，但似乎是色环上最消极的色彩。尽管它不像蓝色那样冷，但红色的渗入使它显得复杂、矛盾。它处于冷暖之间游离不定的状态，加上它的低明度的性质，也许就构成了这一色彩在心理上引起的消极感。与黄色不同，紫色可以容纳许多淡化的层次，一个暗的纯紫色只要加入少量的白色，就会成为一种十分优美、柔和的色彩。

7.无彩色在心理上与有彩色具有同样的价值。黑色与白色是对色彩的最后抽象，代表色彩世界的两极。黑与白所具有的抽象表现力及神秘感，似乎能超越任何色彩的深度。黑色意味着空无，像太阳的毁灭，像永恒的沉默，没有未来，失去希望。而白色的沉默不是死亡，而是有无尽的可能性，黑白两色是极端对立的色，但就像太极图的两部分，又令我们感到它们之间有着令人难以言状的共性。白色与黑色都可以表达对死亡的恐惧和悲哀，都具有不可超越的虚幻和无限的精神，黑白又总是以对方的存在凸显出自身的存在。它们是整个色彩世界的主宰，因此在设计中，它们的运用是最为常见，也是最为经典的。

8.在各种色彩中，灰色是最被动的色彩了，它是彻底的中性色，依靠邻近的色彩获得生命。灰色若靠近鲜艳的暖色，就会显出冷静的品格；若靠近冷色，则变为温和的暖灰色。与其用"休止符"这样的字眼来称呼黑色，不如把它用在灰色上，因为无论是黑白的混合、无色的混合，还是全色的混合，最终都导致中性灰色。灰色意味着一切色彩对比的消失，是视觉上最安稳的休息点。

（三）室内设计中色彩的应用

1.室内空间色彩的基本原则

在进行室内色彩设计时，应首先明确与色彩密切相关的基本原则。

（1）空间的使用目的

不同的使用目的，在考虑色彩的要求、性格的体现、气氛的形成等方面各不相同，比如病房就适宜用白色，因为白色在视觉心理上的暗示是沉静，有利于病人的休养。卧室是人们最为重视的地方，它不能以显亮的颜色为主，一般应以中性色为主，给人和谐、温情的感觉。

（2）空间的大小、形式

色彩可以按不同空间大小、形式来明确冷暖色调的使用，对空间加以进一步强调或削弱。

（3）空间的方位

不同方位在自然光线作用下的色彩是不同的，冷暖感也有差别，可以考虑根据朝向因素来配置色彩，通过色彩的渐变来实现空间的调和。

（4）空间使用者类别

不同居住者对居住环境的心理需求是迥异的，例如老人、小孩，男、女，各自对色彩的要求有很大的区别，色彩应适合居住者的爱好。

（5）空间使用的频率和时长

在同样的空间中，不同的活动与工作内容，要求有不同的视线条件，才能达到提高效率、保障安全和确保舒适的目的。长时间使用的房间的色彩的视觉心理效应比短时间使用的房间强得多，设计师应充分考虑到使用者对空间的使用频率和使用时长，在空间色彩的色相、彩度对比等方面加以考虑，避免出现诸如视觉疲劳以及心理烦躁等状况。

2.色彩的搭配

室内色彩设计的根本问题是配比问题，这是室内色彩效果优劣的关键，在室内设计中，孤立的颜色只具备纯粹的视觉效应，而没有美学效应。色彩并没有三六九等之分，只有不恰当的配色，而没有不可用的颜色。色彩效果取决于不同颜色之间的相互关系，同一颜色在不同的背景条件下，其色彩效果可以迥然不同，这是色彩所特有的敏感性和依存性。因此，如何处理好色彩之间的协调关系，就成为配色的关键问题。

如前所述，色彩与人的心理、生理有密切的关系。当我们注视红色超过一定时间后，再转视白墙或闭上眼睛，仿佛就会看到绿色图块。此外，在以同样明亮的纯色作为底色的色域内嵌入一块灰色，如果纯色为绿色，则灰色色块看起来带有红色，反之亦然。这种现象，前者称为"连续对比"，后者称为"同时对比"。而视觉器官按照自然的生理条件，对色彩的刺激本能地进行调剂，以保持视觉上的生理平衡，并且只有在色彩的互补关系建立时，视觉才得到满足而趋于平衡。如果我们在中间灰色背景上去观察一个中灰色的色块，那么就不会出现和中灰色不同的视觉现象。因此，中间灰色就同人们视觉所要求的平衡状况相适应，这就是考虑色彩平衡与协调时的客观依据，色彩协调的基本表现：白光光谱的颜色按其波长从紫到红排列。这些纯色彼此协调，在纯色中加进等量的黑或白所区分出的颜色也是协调的，但不等量时就不协调：米色和绿色、红色与棕色不协调，海绿色和黄色接近纯色时是协调的。在色环上处于相对地位并形成一对补色的那些色相是协调的，将色环三等分，造成一种特别和谐的组合。色彩的近似协调和对比协调在室内色彩设计中都是很重要的，近似协调能给人统一和谐的平静感觉，而对比协调在色彩之间的对立、冲突所构成的和谐关系却更能震撼人心，其关键在于正确处理和运用色彩的统一与变化规律。和谐就是秩序，一切理想的配色方案，所有相邻光色的间隔是一致的，在色环上可以找出协调的排列规律。

在室内设计的色彩搭配上，如果大胆地运用色彩协调的原理，在设计实践中可以收到很好的效果。比如在家居中通常使用的白色背景色的基础上，大量使用蓝色，能形成对比协调，就如同希腊小岛上全白色的房屋配上蓝天白云，既将白色的清凉无瑕表现出来了，又增添了蓝色的厚重与沉静。这样的白，让人感觉到自由和开阔；这样的蓝，又让人体会到纯粹的平静，使得居家空间别具情趣。

黑白灰也是近年来开始出现的搭配，通过灰色来缓和黑色与白色之间的视觉冲突，实现颜色与心境的渐变。这三种颜色搭配出来的空间充满了冷调的现代与未来感，在这样的色彩中，会让人由简单而产生理性、秩序与专业感。

以蓝色系与橘色系为主的色彩搭配表现出现代与传统、古与今的交汇，碰撞出兼具超现实与复古风味的视觉感受。蓝色与橙色原本是属于强烈的对比色，但通过在双方的色度上做出改变，让这两种色彩赋予空间新的生命力。

还有一些常见的搭配，比如居室中心定色为酒红色、蓝色和金色，沙发用酒红色，地毯为暗土红色，墙面用明亮的米色，局部点缀金色，镀金的壁灯，再加一些蓝色作为辅助，构成华丽清新的格调；定中心色为黄、橙色，则地毯橙色，窗帘、床罩用黄白印花布，沙发、天花板用灰色调，加上一些绿色植物衬托，使得气氛别致，构成轻快玲珑的色调；定中心色为柔和的粉红色，则地毯、灯罩、窗帘用红加白色调，家具白色，房间局部点缀淡蓝，有浪漫气氛，构成轻柔浪漫的色调；定中心色为粉红色，则沙发、灯罩粉红色，窗帘、靠垫用粉红印花布，地板淡茶色，墙壁奶白色，构成典雅靓丽的色调；定中心色为玫瑰色和淡紫色，则地毯用浅玫瑰色，沙发用比地毯深一些的玫瑰色，窗帘可选淡紫印花的，灯罩和灯杆用玫瑰色或紫色，放一些绿色盆栽植物点缀，墙和家具用灰白色，构成典雅优美的色调。

需要注意的是，色彩也会随灯光的明暗和自然光线的调整而产生变化。一面大红色的墙壁在灯光效果下会变出深浅有致的橙色色谱。质料的搭配也可营造不同视觉效果。

六、室内的光线

（一）光的物理性质与人的视觉

物理学意义上的光线已经被解构为粒子形态，并且是主动性地对视网膜的撞击来产生影响，人类可以选择的只是接收哪一部分的权利，但设计艺术中的光线却完全不同，起到主动作用的反而是人的视觉器官，是视知觉主动去捕捉、去寻找所想要攫取的事物，并且是建立在对光线现象刺激反应有选择的注意基础之上。

换言之，在人的视觉器官看来，光线并不是由一个物体传送给另一个物体，而是一种独立现象，即物体自身所附着的性质。视觉器官对黑暗的看法与对光线的看法是一致的，即黑暗并非物体内光线的消失，而是黑暗将发光物体掩藏之后造成的效果。

需要注意的是，一个被光线均匀照射的物体，人的视知觉是很难察觉到任何它从别的地方吸收光线的迹象，它的光线在这一情况下完全是作为它自身附着的性质所决定的。因此，要使得视觉系统把照明亮度和客观亮度区分开，至少要满足两个条件：第一，一切由照明造成的亮度值，叠加在一起后必须能够给视觉造成一个简化的和统一的系统，同时，物体表面的黑暗色彩和明亮色彩必须搭配起来，形成符合简化规律的统一式样。第二，这两个系统（照射光、客观色彩）造成的解构式样绝不能重合。如果第一个条件缺失，就会造成表现混乱和模糊；第二个条件不能满足，就会造成这两个系统在知觉中分离于物理分离矛盾的假象。

光线的自身物理性质与人类的视知觉截然相反，如果善于利用这一特性，就能够营造出独特的视觉效果，强化所要表现的设计意图。

从物理学视角看来，任何一个物理表面的亮度，都是由这个表面的反射能力和照射到这个表面上的光线的强弱共同决定的，但人类视觉器官的特殊性决定了实际观察中，视皮层受到的刺激所产生的心理学效应是与物理常识迥异的。

从心理学范畴来看，找不到一种能够直接把反射亮度与照射强度区分开来的方法，因为眼睛所感知到的总是物体与物体结合之后形成的亮度，而不是整个式样中各个成分在这一亮度中的比例。例如，将一个黑色的物体挂在暗室中，当用一束光线去集中照射物体时，这一物体就显得色彩明亮，而它的亮度或者说照明度看上去就成了它自身的性质，因为在这样的条件下，视觉器官完全无法分辨到底是物体本身的亮度还是外部光源的照明度。然而，当我们将房间变得明亮一些时，这个黑色物体的亮度就会相对减小。必须指出的是，这里所说的物体本身的亮度值和色彩值，实际上是一种心理上的场效应，它的量度大致可以归为，物体本身所呈现出来的各种不同的亮度值和色彩值的中间平均值。

视觉器官所捕捉到的事物的亮度，主要取决于整个视域之内的亮度值的分配状态。物体在视皮层所产生刺激形成的图像，并不在于它反射到眼睛中的光线的绝对数量，而是取决于它在某一特定时刻所形成的整个亮度梯度中所占的位置。在特定的区域之内，如果所有的亮度值都以同样的比例变化，那么在这一区域之内的每个物体的亮度值看上去都不会有明显的变化。

然而，一旦我们将各个物体的亮度值的分布状态改变时，所有物体的亮度值都会随之改变。

（二）室内设计中的光线

在室内设计中，要注意运用光线的因素来凸显某些物体，这通常可以通过两种不同方式来实现，一种是在照明度发生变化的情况下，利用眼睛的适应能力和调节机制来使物体保持原有亮度；另一种是在整个区域的亮度等级发生改变的情况下，使物体的亮度保持不变，这同样要利用到视网膜感受器按照刺激强弱进行调节的能力。

光线可以营造朦胧的气氛。在天然采光不足的室内常能体验到朦胧的感觉，这是由于亮度梯度很小。如果同样范围内的梯度很强烈，就会引起完全不同的感觉，例如在一间有深色地板和墙面的房间里，只有一扇很小的窗，虽然在近窗处桌面上的照度可能很高，但在阴天时，室内就显得朦朦胧胧，会给人一种抑郁感。这种抑郁感并不能被从窗口看到外部天空时所形成的兴奋感所抵消，即抑郁感比幸福感强烈。如将室内最暗角落里的一只台灯点亮，这个效果就改变了，虽然这在同一个角落里的地板、墙面和顶棚上的亮度增加得很少。如果再开一只台灯，朦胧的感觉将被进一步减弱。最后，假如拉上窗帘，朦胧的感觉将完全消失，被一种舒适惬意的感觉所代替。

当一个室内是不均匀的照明时，我们感觉到室内具有不同水平的视亮度，对被强烈照明的区域产生很亮的印象，而很弱的区域使人感到很暗，整个空间被分成几个具有不同视亮度水平的部分。由对此现象的研究得知，不均匀照明的空间在感觉上比均匀照明的空间暗一些。不均匀的程度愈大，室内空间总体愈感到暗，不论其平均亮度如何。

朦胧是一种视觉心理现象，作为一种视觉体验尚无确切的定义和量化的指标。有研究者指出朦胧可能发生在均匀的空间里，其中，光源是不可见的，房间表面看起来不是很"亮"。

光线可以营造闪耀的气氛。商店橱窗中最有效的陈列效果是，依靠有控制的光束在暗的背景前将商品显示出来，而在旅馆或影剧院的过厅中，将光线限制在有特殊兴趣的对象上，并在其他地方用柔和的颜色和较低的照度，也可创造出一种亲切的气氛。在没有适用于高照度对象的地方，可以用照明装置作为一种"发光的雕塑"。一般来说，装饰性灯具的照明作用是次要的，它本质上是吸引人的对象，同时能造成戏剧性效果所需的强烈对比。戏剧性效果是建立在高对比和强烈的梯度上的，这常常可以用投光等对特定的对象进行照射来获得。在许多空间中，例如进厅和休息室等，其中并无适宜于采用这种类型照明的对象，而悬吊在视野中的照明装置却可吸引人们的注意，它们可以提供"闪耀"和视觉上的兴趣，即使在那些已经含有有趣的对象空间中，常常有些角落因为并无特殊的兴趣会显得朦胧，除非在其中增加某些特别悬殊的亮度，悬吊式灯具一般就是这样使用的。

第七章　形态构成在室内设计中的应用

第一节　形态构成与室内设计

一、室内平面构成的基本要素

一般室内的平面构成是指正常视距、角度条件下，室内环境的平面布局、立面造型、天花造型、地面形式；门窗、屏风、大型家具等物体的表面；室内空间的交通路线、动静空间的划分等。我们引入平面构成的设计要素与法则，来考虑室内空间各个部分的构成形式、相互关系以及空间局部与整体的构成关系，可以开拓室内设计的思路，形成新的设计概念及面貌。平面构成包括形态要素和构成要素两方面。点、线、面是形态要素的最基本组成，构成要素包括大小、色彩、方向、明暗、肌理等。在室内设计中，我们以这些基本的要素为条件，进行组合、构成，实现丰富多彩的造型。

从造型角度看，点是一切形态的基础，是可见的形象存在，点必须有空间位置和视觉单位，它没有上下左右的连续性和方向性。点是力的中心。当空间中只有一个点的时候，人的视线都会集中在这一点上，这充分体现了点在空间中具有张力的作用。如果空间中有两个同样的点，那么张力的作用就表现在连接这两点的视线上，这在心理上产生相互吸引和连接的效果。如果空间里有三个点在三个方向平均散开时，张力作用就表现为一个三角形，三角形具有相对稳定性。点的数量、大小、位置和布置具有多种形式，可以产生多种变化和错觉。室内环境中小的装饰品、射灯、筒灯等都可以作为点的构成来处理，通过点的排列可以构成线或者面的形象，进而丰富室内的视觉效果。例如，设计一些现代简约风格的室内居住空间时，我们经常利用点的特性来传达情感。在酒柜的装饰设计上，会在不同角度设置几种色彩的小射灯，使得夜晚家中弥漫着五彩斑斓的浪漫气氛。在室内墙壁装饰造型上也会注意点的元素的巧妙运用，来打破大面积的统一产生的呆板，让人们体会变化带来的视觉享受。

从造型角度分析，线具有位置、长度和宽度，线有直线、曲线和折线，线在构成中具有重要作用，线具有较丰富的感性性格：直线性格文静，简明直率，可表现一种力量美；不同粗细的线还有不同的性格，粗而直的线表现力较强，有粗笨、钝重之感；较细的直线表现为敏锐、神经质、秀气等感觉。曲线具有较强的活跃性，用规则几何线绘制的圆滑曲线，给人优雅、温柔的感觉，自由曲线则具有自由、弹性、幽雅以及想象力等特征。而折线具有不安定的感觉，锯齿形折线表现出忧虑、不安定感。线还具有力度感和方向性的功能。一个倾斜的线容易给人不稳定、倒下的感觉，而多根倾斜并相互交叉的线给人以相对稳定的感觉。水平直线具有肃静、平和、开阔的感觉；斜线具有飞跃以及向上冲的感觉；垂线具有高尚、庄重、强硬的性格。线在室内环境中无处不在，任何物体的轮廓、由线组成的各种设计元素、任何体与面的交界处等都包含了线的数量、位置、曲直以及构成形式。设计师要考虑以下几个方面：在室内环境设计中要全面考虑线在整体空间中的效果。可以不均匀使用各种类型的线条，以避免空间中平均使用一种线条和平均使用多种线条所带来的单调与混乱；家具、织物的线条对室内环境氛围具有较大的影响，可通过配置适当的家具、织物调节室内空间环境氛围；可以通过强调一种线条，达到间接强调设计主题的目的。

二、肌理构成

不同的物质，由于构成的元素不同，构成各物质之间的距离、排列顺序不同，会呈现出光滑、粗糙等不同的肌理效果。肌理可分为触觉肌理和视觉肌理。通过人的身体部分触摸而感受到纹理即触觉肌理。触觉肌理构成的表面有凹凸感，得到触觉肌理的方法有很多，如使用机械的方法对材料进行雕刻、焊接、打钻等，可以得到各种各样的触觉肌理效果。通过眼睛能分辨出来的肌理即为视觉肌理。视觉肌理是一种平面视觉图形，其主要作用是丰富装饰构成设计的表现，在实际使用中可通过喷洒、印拓、擦挂、拼贴等方法制作视觉肌理效果。在传统的室内设计中，大都运用原始材料的天然肌理来表现各种效果。但在现代室内设计中，那些传统的对肌理的表现方法已远远不能满足设计创新的需要，设计师需要研究肌理的特点以及肌理的表现规律，能动地组织设计、表现材料肌理的美感。像中性、温和的毛面磨砂材料越来越受到现代人的欢迎，人们运用各种手段改变材料的原表面，将镜面玻璃改进成毛玻璃，将光滑金属改进成磨砂金属，以及亚光漆、肌理漆的出现，都说明人们审美观念的改变以及掌握肌理规律创造新肌理的心理需求。

三、平面构成在室内设计中的具体应用

（一）楼地面的装饰

楼地面装饰要与整体环境相互协调，衬托气氛。地面的图案划分也要特别注意。地面图案设计大致可分为三种情况：第一种，强调图案本身的独立完整性，如：会议室，采用内聚性的图案，以显示会议的重要性。色彩要和会议空间相协调，取得安静、聚精会神的效果；第二种，强调图案的连续性和韵律感，具有一定的导向性和规律性，多用于门厅、走道及常用的空间；第三种，强调图案的抽象性，自由多变、自如活泼，常用于不规则或布局自由的空间。比如：客厅的地面就不能装得太花哨。在选择地砖方面结合到平面设计要考虑到更多的稳重与大方。

（二）墙面的装饰

墙面的装饰对于室内整体的设计效果是有非常重大意义的，因为墙面是垂直于人的视觉的。在进行墙面的平面设计时首先要考虑它的整体性，与其他的部位要统一。再重点考虑的就是艺术性，在室内空间里，墙面的装饰效果，对渲染美化室内环境起着非常重要的作用，墙面的形状、分划图案、质感和室内气氛有着密切的关系，为创造室内空间的艺术效果，墙面本身的艺术性不可忽视。比如：起居室的墙面要整洁大方。在电视背景墙这方面的平面设计起到举足轻重的作用，它直接反映到空间的艺术性。

（三）顶棚装饰

顶棚的变化能丰富整个室内，配以不同风格的灯具，能增强空间的感染力。在顶棚这一块的处理就不能太沉重，以免给人造成头重脚轻、压抑等感觉。

（四）隔断装饰

当下，室内装饰很流行软隔断，时尚又温馨。同时也有半透明的隔断，开放又神秘。也有丰富多变、艺术性很强的隔断。

室内装饰与平面构成密不可分就体现在这些基面处理上。根据不同的室内空间功能创造出合适的空间感觉。这就是平面设计存在于室内的价值。

室内设计以艺术性强、专业涉及领域宽为特征，包括基础性的平面造型能力，如：运用形式美法则，精心选择适合环境的陈设物，将室内设计的墙、顶、隔断的装饰以及陈设物抽象概括成平面构成的造型要素予以运筹、安排等，对于墙和隔断这些平面性的陈设装饰区域，无论是风格迥异的主题墙面陈设，还是通透而富于装饰性的隔断装饰，平面构成的造型原理和方法都更具有针对性。

四、色彩在室内设计中的作用

（一）空间感调节

色彩的物理效应能够改变室内空间的面积、体积等方面的视觉感，进而改善空间实体的不良形象。色彩设计可以调整室内空间，例如对于相同的空间，运用明亮、暖色和彩度高的颜色，空间有前进感，看起来比实际距离会近些；而面积则会有膨胀感，看起来比实际面积会大些。当运用暗色、冷色和彩度低的颜色时，则会产生相反的效果即后退和缩小，等等。

（二）个性体现

色彩可以展现一个人的个性特征。性格开朗、活泼的人，室内选择的通常是暖色调；性格内向、安静的人，通常选择冷色调。喜欢浅色调的人多半直率开朗；喜欢暗灰色调的人多半深沉而含蓄。

（三）心理调节

色彩本身是一种信息，通过这种信息对人的感官进行刺激，若过多纯度高的色相搭配，会使人感到较为强烈的刺激，容易产生烦躁感，而色彩对比过少，让人感到空虚、冷清。因此，室内色彩要根据居住或使用者的性格、年龄、性别等特征，设计出各自适合的色彩面貌，才能满足视觉以及精神上的需要，达到平衡心理的作用。

（四）调节室内的光线

室内的色彩能够有效地调节光线的强弱。这是由于不同的色彩对光线的反射程度是不一样的，白色对光线的反射率一般为80%左右，灰色的反射率约为40%，黑色则在10%以下。因此，我们可以选择合适的色彩来调节室内的光线。室内环境中的色彩对于调节光线具有举足轻重的作用。一般来讲，明度高的颜色反射光线强，明度低的颜色反射光线弱。所以当室内明度较高时，室内较亮，反之较暗。并且在实际应用中，当室内进光太多太强时，可采用反射率较低的色彩如蓝灰色。反之，则应采用反射率较高的色彩如白色。综上所述，如何充分利用色彩的调节功能为人们服务，充分发挥色彩调节的作用，是"生活美术"的重要内容，是"以人为本"设计理念的体现。

（五）装饰美化室内环境

色彩赋予人类为整个世界"上妆"的权利，我们应该充分发挥和利用色彩的功能特点，创造出充满情调、和谐舒适的室内空间。有经验的室内设计师十分注重色彩在室内设计的作用，重视色彩对人的物理、心理和生理的作用。

第二节　形态构成在室内设计中的应用

一、空间与形态构成

（一）空间

1.定义和概念

空间是指与实体相对的概念，按照哲学的观点来解释，凡是实体以外的部分都是空间，空间是无形的、不可见的。

空间是与时间相对的一种物质客观存在形式，但两者密不可分，按照宇宙大爆炸理论，宇宙从奇点爆炸之后，宇宙的状态由初始的"一"分裂开来，从而有了不同的存在形式、运动状态等差异，物与物的位置差异度量称之为"空间"，位置的变化则由"时间"度量。空间由长度、宽度、高度、大小表现出来。通常指四方（方向）上下。

空间有宇宙空间、网络空间、思想空间、数字空间、物理空间等，都属空间的范畴。地理学与天文学中指地球表面的一部分，有绝对空间与相对空间之分。空间由不同的线组成，线组成不同形状，线内便是空间。

空间是一个相对概念，构成了事物的抽象概念，事物的抽象概念是参照于空间存在的。

空间构成所研究的是实体与虚体间的存在关系，对个体形态研究的目的就在整体形态的应用之中。证明实体"有"很容易，证明虚体"无"却很难，但是空间对于设计又是如此的重要。在城市中，空间是城市特征物质表现，它是城市中最易识别、最易记忆的部分，是城市特色的魅力所在。曾几何时，设计师们关心得更多的是建筑单体，把主要精力放在对建筑造型的处理上，把建筑看作是一种造型艺术，如同一个雕塑品。而不去强调建筑的内部空间，更忽略了建筑外面的虚空间。

2. 空间构成的法则

空间构成形式的规律、原则与二维平面空间的原理大致相同，平面空间的形式语言是利用视觉符号的错觉感知来集中体现，而三维空间的空间构成是靠本身的三维特征直接表现。空间构成的法则是人们经过长期的生产劳动，在自然发展中逐步分析、学习，在大量的创作实践中不断归纳、总结出来的经典规律和应用准则，不会受到不同地域、历史、人文等因素的影响。

从总体上划分，我们把空间构成的法则分为两大类：一类是以规律性的、有秩序的美为主，另一类是以打破常规的强调对比为主的美。

（1）重复

重复是最有规律、最容易理解的一种法则，具体来说就是重复使用同一基本形态要素，在形状、体积、肌理、色彩、材质等方面进行反复的排列组合，最终形成一种绝对的平衡和统一关系。当然完全的重复排列有时会使人产生机械、乏味的感觉，具体运用时可在局部注意位置、方向上的变化、调整。重复构成的最主要特点是在特定范围内使基本形态视觉特征放得过大、强化，对人产生强大的视觉冲击力，形成秩序性美感。

（2）近似

近似是在重复的基础上把基本形态在形状、大小、高低上进行恰当的处理、调整，近似规律的把握重点是控制住基本形态间的变化程度，对比不能过大，整体关系处于一种大的视觉平衡中，保持基本的重复规律，在此做近似的变化，形成既差不多又有细节变化的均衡状态。

（3）渐变

渐变是一种体现节奏变化规律有代表性的构成形式，落实到空间构成的表现为基本形态按照相应的趋势有规律地演变、转化，在形态大小、方向、位置、角度等方面逐步过渡、变化，最终形成秩序性很强的立体形态构成。在视觉对比上，渐变的强弱取决于"变量"的设定，如采取等差数列还是等比数列形成的渐变效果是有很大差别的。渐变的方式最适合表现形式法则中的节奏与韵律。

（4）发射

发射一种表现节奏与韵律美感的代表形式，它的主要特点是基本形态要素围绕一个或多个中心进行发射状排列，形成向心式、离心式和多心式的组合关系，形成构成效果或进或动，在很多天然形态和认为设计中体现出特殊的视觉美感，给人们留下了深刻的印象。发射在很多设计应用中是与渐变、重复共同使用的，既有变化又秩序统一。

（5）对比

对比是空间构成中最具有普及性的形式法则，在所有构成形式中都需要考虑到的重点因素。狭义的对比是指基本形态间的视觉搭配在特定的范围内形成明显的差异化关系，不管是形状、大小、材料、色彩、疏密、曲直等，各方面都可以作为空间形态相互对比的依据，通过形态特征的强烈反差来体现形态内涵，并保持视觉上的平衡、协调。对比所产生的效果也是相对的、有弹性的，可以是很直接的、醒目的对比，也可以是很含蓄的、巧妙的关系；可以是单纯的、简明的，也可以是复杂的、多变的。

（6）特异

特异是对比关系中最强的一种特殊构成形式，强调的是最基本形态组合间的突变，与重复构成了美的形式的两极。去掉特异部分，整体的形态组合装填恰恰是重复构成。特异追求的是在视觉上通过小范围的特殊变化与大部分的整体统一形成强烈的反差，达到突出重点、集中形成视觉焦点的目的，最终形成"万花丛中一点绿"的特殊对比效果。

（二）构成

1.室内固定空间

室内空间是在建筑内部进行再设计的，固定空间大多数都是有建筑设计师规划好的墙体位置，顶面层高的高度和地面或下层地面围合而成。在室内设计中，使用的空间不会有变化，包括起居厅、卧室、厨房及卫生间等。但随着现代社会压力越来越大，人口增多，建筑师也会根据居住者的要求，设计的居住空间越来越小，空间使用功能也越来越少。

有些公共的室内固定空间，如永久性的历史建筑，如博物馆、体育馆、剧场等，都是作为固定空间来划分的，但是这种空间的设计会缺乏一种灵活性，交流和渗透性比较差。

随着社会步伐的快速发展以及人们观念的转变，固定的博物馆和展览馆的空间不都具有非常灵活性的设计，活动展板可以组成随意的空间，当有特别大的展览时，工作人员会把这些灵活的展板全部撤掉，放在一个设计好的收纳展板的空间中，隔出一个开阔的空间，供展示展品使用；如一个小的展览，工作者会用的展板将空间隔成一个一个小的展览空间来使用。

2.室内可变空间

在室内设计中存在可变空间和固定空间两种不同的空间形式，两者的不同在于是否有灵活性的转变，固定空间是不变的，原先有几个空间就有几个空间，可变是灵活地组成空间，可变成大空间可变成数个小空间，可变空间不同于固定空间的关键点正是它能够适应灵活多变的使用功能，用不同的分隔方式把原有的固定空间再次地分组成多种空间形式，以求空间中的多样性及使用的功能性，在固定的空间中把空间再次地分割，用隔墙、屏风、植物或家具等把空间划分为不同的使用功能，这就是可变空间。

3.室内动态空间

动态空间，也是流动空间。根据不同的因素空间会随着现状改变空间的性质。动态的空间一个重要的特征是开敞性，立体纵深感比较强，会使我们的视觉不停地转动，动态空间在设计空间中含有动态因素和空间形象的变化因素，给人一种不同的感受，一种主观的动态空间和一种客观的动态空间。

二、界面与形态构成

（一）界面设计概述

室内设计中的界面设计包括空间内部界面的再装饰以及界面的再规划和再设计，界面设计的好坏直接关系到设计师的成功与否，其主要表现就是设计师对室内空间的把握能力和处理能力。

1.界面独立

专业设计人员在进行相应独立界面的设计过程中，需要充分分析相应界面的相对独立性。所谓的相对独立性就是指在整个设计过程中对装修界面在室内的整体装修效果的反映，需要在部分地方进行相应的装修，同时在界面的处置方面需要有单独性和美感，在界面的设计和色彩选择方面需要选择适合的图样和色彩，在这一过程中，可以设计一些图样的变动，使得整个室内具有动态的视觉感受，同时在界面的设计过程中需要对相对的中心主题进行确定，只有将整个室内界面设计的主题先定下来，例如田园式的主题，或是现代简约的设计风格等，整个设计才能围绕一个主题开展相应的工作。在设计主题的选择方面需要充分考虑整体性和特殊性的统一，需要不断就主题设计征求业主的设计理念，将业主的主要思想贯穿其中，每一个业主都有自己不同的想法，这就是设计主题的多样性和多元化的主要原因之一。

（1）独立图形界面

独立界面的图形是指空间界面处理、造型实体以及局部装饰上，所做的具有完整性和独立性的图形纹样。独立图形常常可以让空旷区域呈现出生动的装饰美。

（2）适合界面的图形填充

适合图形装饰既满足了室内设计中限定的外形，而且还可以在限定范围内进行纹样造型变化，使图形装饰具有自然合适的美感。

（3）确定界面主题

人们越来越看重主题墙设计的方式。一般壁面设计的质感应该较细腻，可触感要强。作为供长期性观赏的壁面艺术作品，主体层次应该多样化，纹理也要清晰细密。空间流动性大的壁面则应表现得明快有力，同时应注意其完整性。

2. 界面整合

在室内空间设计过程中，室内界面设计是在空间形体中面与面之间的关联关系的基础上而完成的。众所周知，室内空间是一个很难分析和归纳的抽象物，是一个不能被触摸，却能被感知的东西，但它的围合空间却有着实实在在的界面，它是具有形状、尺度、色彩的能够被感知和触摸的实体。室内界面主要包括四周的顶面、垂直面和底面三部分。之前的空间设计者都比较重视界面的区分，而现在的界面设计更注重室内各界面之间的整合性。要么组合、穿插、叠加，要么打散、重构。顶界面、墙界面、底界面是完全可以整合到一起显现出单纯、鲜明的效果的。

事物发展具有两面性，例如室内界面的设计和发展不仅具有相对独立性，同时也具备相互之间的整体性，这个特性也具有非形象性，较难体会到，但是都是实实在在存在的东西。这种整体性的特征主要表现在我们进行室内装修设计过程中各个界面的各种参数之中，例如颜色、样式等。同时，这种整体性要与上面的独立性相互统一，形成一种统一中带有独立元素，独立中又显现统一的一面，墙面之间的统一是绝对可以做到的，但是墙面与天花板，墙面与地面之间的整体性也是专业设计人员需要注意的主要问题。只有实现墙面、地面和天花板之间的相互协调统一，整个室内装修的空间感、立体感才能进一步显现出来，这也是室内装修强调整体性的主要原因之一。

3. 界面空间构成与引导

实面是实体和实质界面的统一体，具有物理环境和理念环境双重性。空间在哲学中被理解成无限的抽象东西，但是，对于室内空间设计来说，空间是有界定的边界和空间的。正是因为室内空间具有局限性，所以室内设计的主要目的就是通过对围合的处理来创造空间。场所的设计也是实面与空间艺术的复合。内墙被视为室内空间的起点，所以，宽大空间界面应该把重心提高，而小空间界面应尽可能在视线的中上位置，狭长空间则可以按照其长度分为相对独立的单元组合，或者采用散点透视法。对于墙面和天花板这些转折面来说，应该尽可能地将其分解为几个单元，沿着一定的轴线移动，以便把握时空视觉的伸缩与连续。另外，形体与空间属于一种组织关系，这种特殊的关系可能会出现在几段曲线墙面，也可能设计一组有序的形体。

室内各个界面的设计最终表现出来的整体效果就是空间感上的问题。室内装修中提到的空间是一种具体化的空间，这是不同于哲学思想的空间概念。这样就可以进一步通过对墙面、地板及天花板三者之间的设计实现一种整体性方面的空间感，不同设计界面的风格将直接影响最终各个界面构成的室内空间效果。这种空间感的体现主要是在墙面，因为人的视觉正面就是墙面，天花板和地面需要人进一步抬头仰视或者低头俯看才能进一步观察到，因此，设计的开始就是墙面的设计，若是房间的空间感较小，可以将视觉中心上移至整个墙面的中上部，若是室内空间为细长型的结构，可以将整个空间分解为不同的部分。在天花板的设计上体现出不同的结构特征，例如一些房屋结构中存在一些走廊，这就是一种细长型的室内结构，我们可以通过相对独立的一个吊灯将这个细长结构分解成不同的部分，这样就体现出一种拉伸的空间视觉感受。

（二）室内设计中的界面设计方法

1.界面材料并置的方法

材料并置是指在室内空间设计过程中用两种或两种以上的材料进行并置处理，这些材料之间不需要有拼接、粘贴的关系，主要是因为这些材料并置的方法是用于处理不能进行收口的各种材料。比如：青石板、鹅卵石、景观石所并置而成的枯山水景界面装饰，就是利用具有一定互动性的材料进行共同并置，形成一种新的界面装饰设计。实际上，铺设在地面上进行的地毯可以算作是界面并置的方法。

2.界面材料拼贴的方法

材料拼贴是指在室内设计过程中，材料通过黏结或者拼贴而连在一起的方法。这种方法可以是同种材料的黏结，也可以是多种不同材料的拼贴。材料通过拼贴而成为一个整体之后，就会具有丰富的肌理感，不再单调。比如：采用纹理和花色不一样的石头材料所拼贴起来的花，材料本身在质感和性能上都是有着小小差别的，这样拼贴起来就更能满足人们的审美要求。

3.界面局部凸起或局部凹陷的方法

在室内界面设计中，界面局部凸起的方法是指在界面再设定子空间，使局部凸起，从而使室内空间富有层次感的设计方法。比如教室中的讲台，这样设计不但提高了老师的高度，而且可以使老师讲课的声音传得更远，视野得以开阔，另一方面也暗示了老师的特有地位，进而加强了教师授课这个空间的严肃气氛。界面局部凹陷所构成的围合空间与局部凸起的抬高给使用者带来了不一样的心理感受，界面局部凹陷这种方式产生的围合空间可以给人带来一定的安全感和私密感。凹陷产生的阴影区域，还可以给人带来一定的神秘感。在现代社会多元化的形势下，人们开始追求快乐、享受的生活，而室内空间设计就是要满足人们的要求，给人们制造一个满足、愉快的生活环境，使得人们能够更加尊重其生命价值。

4.其他方法

室内设计中，界面设计除了以上几种方法外，还有可变、卷曲、倾斜、高科技化等方法，这些方法可以在不同的空间中营造出不同的气氛。①可变的方法，比如各种戏院或者剧院的升降舞台等。可变方法在界面设计中的运用可以使空间的形态产生改变，从而丰富观众的视角。②卷曲方法的运用较为常见，最具代表性的可谓是柏林酒店，此酒店界面设计使用了大量的卷曲方法，使得界面跟垂直界面的界限变得模糊，让两个界面连成一体。③倾斜的方法，例如：为设计排水的功能，必须在地面设计一个坡。界面中倾斜方法的运用能给人们以运动感或者流动的趋势。

（三）界面设计的发展趋势

室内设计的主要目的就是增强生命的意义，使人们能够在各方面得到满足与和谐。在多元化理念的时代，室内装饰设计目前已经进入了转型期，而且正以其独特的文化特性而存在。室内界面设计发展新趋向主要表现在传统与科技工艺结合、创新与复古多元共存、材料与设备的更新、室内与室外相对独立、专业与主业兼顾；审美与功能因人而异几个方面。

1. 界面材质的发展更趋近时代性和超前性

随着人类文明的发展与进步，人们对生活和工作环境的要求越来越高，对室内空间的装饰要求也日新月异。因此，在设计中，必须注意超前性和时代性。另外，在界面设计中，当一种设计手法不能兼顾时，就需要附加其他因素或进行特殊手法处理。

2. 工艺手法趋于整合

在室内空间设计中，以往分离的墙体、雕塑、绘画等空间艺术表现将有重新整合的趋势。在建筑装饰艺术上，新的技术手段比如激光声控、照相印刷等现代装置也日益走进建筑饰面艺术之中。单从空间来讲，首先，过去不同的艺术划分在未来室内的各个界面之间的界限将变得逐渐模糊；其次，二维平面与三维空间艺术的处理将联为一体，没有区分或区分不明显，使得空间的起点和边界更为模糊化。

3. 界面设计艺术的内涵趋于集中

众所周知，室内空间设计中的界面设计虽然手法多种多样，艺术表现千变万化，但它的宗旨和内涵都比较集中，总体概括为：第一，通过文字、符号、形象的设计来使界面更具有意向表达或者象征作用。第二，通过各种图案的装饰质感促使各界面变得柔化、虚化，赋予其掩饰作用。第三，通过集合划分、光色多变、透视等手法，使墙面具有视觉上的界定和扩大作用及放大的效果。

三、陈设与形态构成

（一）室内陈设的概念和作用

1. 烘托室内气氛、创造环境意境

气氛即内部空间环境给人的总体印象。如欢快热烈的喜庆气氛，亲切随和的轻松气氛，深沉凝重的庄严气氛，高雅清新的文化艺术气氛……。而意境则是内部环境所要集中体现的某种思想和主题，与气氛相比较，意境不仅被人感受，还能引人联想给人启迪，是一种精神世界的享受。

盆景、字画古陶与传统样式的家具相组合，创造出一种古朴典雅的艺术环境气氛。地毯、帘饰等织物的运用使天花过高带来的空旷、孤寂感得到缓解，营造出温馨的气氛。一定量的植物配置，使室内形成绿化空间，让人们置身于自然环境中，享受自然风光，不论工作、学习、休息，都能心旷神怡，悠然自得。同时，不同的植物种类也可以烘托室内的种种气氛。例如，一丛丛鲜红的槐花，一簇簇硕果累累的金橘，给室内带来喜气洋洋，增加欢乐的节日气氛；苍松翠柏，给人以坚强、庄重、典雅之感；洁白纯净的兰花，使室内清香四溢，风雅宜人。此外，人们还对不同花卉均赋予一定的象征和含义，如荷花"出淤泥而不染，濯清涟而不妖"，象征高尚情操；白竹"未出土时先有节，便凌云去也无心"，象征高风亮节；称松、竹、梅为"岁寒三友"，梅、兰、竹、菊为"四君子"；牡丹为高贵，石榴为多子，萱草为忘忧等。紫罗兰为忠实永恒；百合花为纯洁；郁金香为名誉；勿忘草为勿忘我等，这些植物与家具组合在一起的陈设都可以构成烘托室内气氛的一种要素。

2. 创造二次空间丰富空间层次

由墙面、地面、顶面围合的空间称之为一次空间，由于它们的特性，一般情况下很难改变其形状，除非进行改建，但这是一件费时费力费钱的工程。而利用室内陈设物分隔空间就是首选的好办法。我们把这种在一次空间划分出的可变空间称之为二次空间。在室内设计中利用家具、地毯、绿化、水体等陈设创造出的二次空间，不仅使空间的使用功能更趋合理，更能为人所用，使室内空间更有层次感。例如我们在设计大空间办公室时，不仅要从实际情况出发，合理安排座位，还要合理分隔组织空间，从而达到不同的用途。而在小型的卧室里，由于面积小，无法改变现实的住地面积，我们不得不适当地安装一些玻璃镜子以扩展虚拟的空间范围，有阳台的还可以将阳台的地板与室内的地板色调一致，把阳台与室内连为一体，即将室内空间扩大。

3. 加强并赋予空间含义

一般的室内空间应达到舒适美观的效果，而有特殊要求的空间则应具有一定的内涵，如纪念性建筑室内空间、传统建筑空间等。

4. 强化室内环境风格

陈设艺术的历史是人类文化发展的缩影。陈设艺术反映了人们由愚昧到文明，由茹毛饮血到现代化的生活方式。在漫长的历史进程中不同时期的文化赋予了陈设艺术不同的内容。也造就了陈设艺术多姿多彩的艺术特性。室内空间有不同的风格，如古典风格、现代风格、中国传统风格、乡村风格、朴素大方的风格、豪华富丽的风格……陈设品的合理选择对室内环境风格起着强化的作用。因为陈设品本身的造型、色彩、图案、质感均具有一定的风格特征，所以，它对室内环境的风格会进一步加强。古典风格通常装潢华丽、浓墨重彩、家具样式复杂、材质高档做工精美。现代风格更接近于大众，在新时代里，作为满足人们生活需要的艺术陈设，必须满足人们心理和生理的变化与发展的需要。以家具为例，曾为我国的家具史和陈设史谱写过光辉的一章，成为优秀的文化遗产的明式家具，已逐渐为现代的组合家具所取代，传统的红木家具被改变为层压弯曲新工艺制成的大工业家具，以追求气派为主要目的的太师椅也被能满足人们舒适要求的弹簧沙发所取代。现代家具的风格是随着工业社会的大发展和科学技术的发展应运而生的。家具材料异军突起，不锈钢、塑胶、铝材和大块的玻璃被广泛使用。线条、色彩、光线和空间开始了新的对话，营造出了室内空间的现代气氛。处于不同社会阶层的人们，由于物质条件和自身条件的限制在陈设品的选择上往往大相径庭，从而形成了多种多样的室内设计风格。

5. 柔化空间调节环境色彩

现代科技的发展，城市钢筋混凝土建筑群的耸立，大片的玻璃幕墙，光滑的金属材料……凡此种种构成了冷硬、沉闷的空间，使人愈发不能喘息，人们企盼着悠闲的自然境界，强烈地寻求个性的舒展。因此植物、织物、家具等陈设品的介入，无疑使空间充满了柔和与生机、亲切和活力。人们在观察空间色彩时会自然把眼光放在占大面积色彩的陈设物上，这是由室内环境色彩决定的。陈设物的色彩既作为主体色彩而存在，又作为点缀色彩。可见室内环境的色彩有很大一部分是由陈设物决定的。室内色彩的处理，一般应进行总体控制与把握，即室内空间六个界面的色彩应统一协调，但过分统一又会使空间显得呆板、乏味，陈设物的运用，点缀了空间丰富了色彩。陈设品千姿百态的造型和丰富的色彩赋予室内以生命力，使环境生动活泼起来。需要注意的是，切忌为了丰富色彩而选用过多的点缀色，这将使室内显得凌乱。应充分考虑在总体环境色彩协调的前提下适当点缀，以便起到画龙点睛的作用。

（二）室内陈设设计在不同的空间中的设计

1. 家居空间

由于人们的大部分时间都是在家中度过的，所以家居环境的陈设设计就会直接关系到日常生活的质量，关系到人们的安全、健康、效率、舒适等。所以家居环境的陈设设计就应该把安全和人们的身心健康放在首位。不仅要考虑色彩、冷暖光照等物质功能方面的要求，还要有与性格相适应的室内环境氛围和风格特征等精神功能方面的要求。客厅陈设设计要以房间的面积、高度、格局等因素而定，无论哪种风格都要体现了客厅的两大功能：具有主人个性的家庭生活中的公共区域和轻松、热情的会客区域。卧室是人们休息和放松的场所，是隐蔽的空间，陈设设计要追求精致、简洁。餐厅的陈设设计既要美观又要实用。厨房内的陈设品要与厨房内的设施相协调。餐厅内陈设品的色彩主要因以明快的色调为主，不仅能给人以温馨的感觉还能促进人们的食欲。总体来说家居空间室内陈设要根据房屋主人心理需求进行设计。

2. 商业空间

商业空间是人们公共生活的重要场所，是最具活动力的空间。购物场所应该算是比较普遍的商业空间，所以我们以购物场所为例。在购物场所中，人们最关心的就是如何能够在最短的时间内找到自己想要购买的商品。所以商品的陈设摆列变得尤为重要，只有正确有效的陈设方案才能满足顾客的需求。色彩运用在商业空间里的应用也是很重要的，色彩的变化可以减少消费者视觉和心理的疲劳，争取到更多的消费时间。事实上，商业环境的陈设品主要是围绕商品来展开的，因此陈设设施本身的设计要符合人体工程学，让顾客容易看到、容易挑选、容易拿取。商业环境的陈设设计追求就是一种自主自由的活动机制和舒适、艺术且文化性的活动空间。"以人为本"是商业空间陈设设计的根本。

3. 餐饮娱乐空间

餐饮娱乐空间是一个商业气息比较浓厚的空间。这是一个服务行业的空间，因此以顾客为中心才能达到陈设设计的最终目的。不同的餐厅或者娱乐场所都有各自不同的风格，而这些风格的不同就是通过陈设的不同来体现的。在室内的陈设设计之前，首先要考虑的是经营业主要求的风格形态。高雅的文化氛围还是需要通过艺术品和家具来体现。而随着社会与科技的高速发展，人们越来越重视的是安全健康的养生、干净整齐的卫生条件和格调优雅的环境氛围，由此而来的陈设设计就要满足人们的这些需求。餐饮娱乐本来就是人们日常消费的一大需求，在餐饮娱乐空间的环境、装潢、卫生与各项服务上精心设计，以求得更科学、更艺术、更人性化的餐饮娱乐空间，既服务了社会，又满足了人们的生活需求。

4. 办公空间

对于上班族来说，办公室无疑是他们的第二个家，因此对于办公空间的环境设计要求也越来越高。当代办公空间的室内设计崇尚个性，激烈的市场竞争使得企业必须具有鲜明的形象才能够从众多的企业当中脱颖而出，这也直接导致办公空间的个性化需求。而且随着社会的不断进步，办公智能化和办公环境的人性化越来越成为人们关注的焦点。办公环境一般说来追求的是整齐、清洁、宁静、舒适的环境气氛，明亮、欢畅的风格，使得办公人员在环境中能够平心静气地踏实工作。例如室内陈设品多采用一些绿色环保的材料会有助于提高办公人员的工作效率。总之，因地制宜，反映文化内涵，强调环境的个性化才是新时代办公环境陈设设计的基本特征。

其实大众对于陈设的理解并没有那么专业，但是专业的设计人员需要满足的正是这些不专业的人的要求。对于大众来说，陈设其实就是物品的摆放，视觉上的享受，或者日常生活习惯的需求，或者精神上的需求。就像有人喜欢在室内摆上很多的艺术品，那可能是因为他是一个收藏家或者是一个艺术品爱好者，或者他只是想拿这些陈设品来提高室内的总体品位而已。而有的人喜欢在室内摆上好多植物，那可能是因为他是一个喜欢植物的人或者是因为他觉得这样可以改善室内的空气质量。不同的人在家具的选择和摆放上也会有很大的差异，有的人喜欢深颜色的家具，有的人喜欢明亮色彩的家具，有的人喜欢把家具放在一边，有的人喜欢那种有个性的摆设。而所有的这些差异性其实都是由人们的心理因素造成的，而人们会把这些不同体现在室内陈设上。

不同的人对于美的看法总是有着千差万别的区别。设计师所要做的就是根据人们不同的心理因素，为他们设计出不同的室内陈设设计方案。其实设计的本身就是要满足人的需求，室内陈设设计也是需要根据人们心理的需求来对室内环境进行装饰。我们要在掌握了大众心理的基础上，设计出优秀的室内陈设设计方案。

总之，从以上分析可以看出，陈设艺术在现代室内环境中日显重要，作为一门富含科技理念的学科，重视它的审美功能也就是强调人文内涵的一面。通过对其作用的揭示，也显现出了一定的文化内涵。可以说，"以人为本的设计风格"是设计行业长久的话题。虽然大量利用现代科学技术手段，但创造和设计人的生活仍然是现代室内陈设艺术设计的宗旨。

第三节 形态构成在室内设计中的发展与创新

一、关于形态构成的室内设计

（一）能源节约型设计

在设计的过程中，要尽量降低能源的消耗，在保证国家能源不受损失的前提下，进行绿色低碳的建设。所以，使用绿色低碳的能源节约型材料起着至关重要的作用。

（二）空间功能型设计

随着人们生活水平的逐渐提高，人们对于建筑设计的空间形态也有了更高要求。空间是设计人员必须考虑的，如今，房屋出现了新的格局，客厅大卧室小的局面，让许多客户眼前一亮。但是建设的空间要在人们适应及喜欢的基础上去设计，而设计师要设计出不同形式的建筑，目的是迎合所有客户的需要。要在保证人们健康的同时，也满足消费者愉悦的心情。

（三）资源节约型设计

设计材料所需要的原材料多是矿产资源，若不加节制地过度开采，必将会造成生态平衡的破坏和逐渐的恶化。室内设计公司的工作人员也可以根据国内的实际情况，研究出优质的资源节约型材料：例如我们生活中的垃圾、工作过程中的固体废物都可以变废为宝，进行再加工利用，生产出室内设计中所需要的材料，以满足设计的生态化发展需求。

（四）环保的清洁型设计

在经济条件允许的情况下，在室内设计装修中，应尽可能使用无毒、无害、无污染的绿色材料，这样才有利于提高人们的健康生活质量。因此，环保清洁型材料成为人们衡量室内设计好坏的标准。

二、形态构成在室内设计分析

（一）平面构成

1.平面构成与现代设计

平面构成作为构成艺术的重要组成部分，在现代设计中发挥着不可替代的作用。现代设计需要借助平面构成传达出自己的设计理念、形态美感以及视觉表现效果，以此呈现出设计风格的多元性与特殊性。首先，平面构成的基本含义。平面构成就是在二次元平面的基础上按照一定的形式法则将不同基本形态在力学原理、审美视觉效果等因素的要求下进行的一种重新编排和组合，是在理性逻辑与感性审美之间的一次完美组合。点、线、面之间的严谨律动组合是平面构成的基础条件，同时点、线、面作为最基本的视觉元素，它们之间多种不同形态的组合使得平面构成的视觉审美具有极强的抽象性与形式感。平面构成的形式呈现出多样性，包括基本格式、重复形式、近似形式、渐变形式、发射形式、空间形式、特异构成形式、密集构成、对比构成以及肌理构成。基于以上的基本条件，平面构成不仅会带给人们视觉上的享受，同时还会带来视觉心理上的审美体验，它始终以其特有的构成方式和视觉形态传达出了一种严谨中却带有极强律动性的节奏之美，这种美可以是抽象性的，亦可以是理性的，总之，无论是创作过程还是欣赏过程，平面构成始终伴随着一种情感上的审美体验。

其次，现代设计的基本含义。现代设计又被称为"现代主义设计""功能主义设计""机器艺术"等，它是从现代建筑设计基础上发展起来的。现代设计兴起于20世纪20年代，经过不断的发展，其独特的思维形态和视觉冲击迅速获得大众的认可与追捧，因此成为当前最重要且最具影响力的设计活动。现代主义的理念始终贯穿于整个现代设计活动之中，现代设计受到现代经济、现代生活方式、现代思维方式、现代市场营销等多种因素的影响和制约，也就是说现代设计必须以整个现代社会的需求为基本标准，并随着现代人的心理需求或者现代市场方向的改变而改变。根据市场活动的不同需求，现代设计可分为不同的范畴类型，如服装设计、平面设计、广告设计；还有摄影设计、影视动漫设计、商业插图等；还包括室内设计、环境设计以及景观设计等。现代设计的大胆创新使其在新颖多变的基础上又增加了一层激进主义的色彩，但这并不影响其多样审美形态的表达。

2. 平面构成在景观设计中的创新运用

景观设计是现代设计中重要的一个环节，它的发展与现代设计艺术的发展有着密切的关系。现代景观设计在 20 世纪之后得到了成熟和发展，特别是在与平面构成相结合之后，平面构成的运用为景观设计注入了一股新的生命力。首先，造型要素的创新。景观设计的造型要素是其进行整体设计的基本单位，可分为简单的造型形体和复杂的造型形体，造型要素运用得恰当与否直接影响到景观设计的整体效果。平面构成的基本形式就是将不同形态的图形在一定原则的基础上进行重新排列组合，而景观设计造型要素的基础正是这些多种多样的图形，平面构成可以将这些图形进行抽象化的处理，从而使得景观设计在高度抽象思维中仍然具有其理性的一面。景观设计中运用的造型图形已经不再是传统概念上的简单图形，而是在原有基础上的再认识和再创造。简单的几何图形（圆形、长方形、正方形、三角形）是造型要素的基础，同时也是获得特殊图形的基础，景观设计中的特殊图形实际就是平面构成对简单几何图形的重新组合，基本方法包括变异、渐变、集结、分割、分解、重构等，从而使得新图形具有更深刻的思想内涵和更直接的视觉享受。

具象与抽象形态的组合减少了人为刻意雕琢的痕迹，反而在创意变形中保留了原有基础上的一些特色，从而使景观设计在简洁单纯中带给人们一种舒适的感觉。其次，平面构成应用的原则。平片构成在景观设计中的创新应用并不是随心所欲的，它也必须遵循一定的原则方法，包括整体性原则、适融性原则、区域性原则、公差性原则以及人文性原则。整体性原则实际上就是整体与部分的关系，景观设计不能仅仅考虑到景观本身，还要考虑其周围的环境条件，苏州园林的景观设计在布局灵活的基础上与周围蕴含的环境因素完全相协调；适融性原则是对景观设计在动态过程中的一种规定，它可能需要时间上的论证，适融也就是景观设计能否真正融入到人与周围环境之中，并与人和环境相协调；区域性原则实际上是一种个性化的设计体现，它主要起到了一个区别作用，实质上有着一种象征性的含义，区域之间通过景观设计的不同表现出差异性；公差性原则就是允许平面构成在景观设计中有一点偏差，这体现了严谨中灵活的一面；人文性原则就是景观的总体设计中要包含一定历史文化因素，此时的景观设计实际上成为传播文化的一种载体，增强了其自身的文化底蕴性。

3. 平面构成在室内设计中的创新运用

平面构成在室内设计中发挥着不可替代的重要作用。平面构成首先需要根据室内结构和布局规划一个初步的概念性方案，然后在点、线、面的艺术组合和处理中完成基本的创作基调，平面构成在室内设计中的运用大大提高了设计的创新性与艺术性。首先，平面构成的空间设计。平面构成对室内的空间设计实际上就是对空间秩序的一种规划，同时也是对空间进行一种合理性的布局。平面构成主要采用重复、特异、发射、对比和分割等构成形式进行室内的空间设计，本书主要对其中的两种进行解释分析。重复就是将相同、相近或者相似的平面元素按照一定的规律、节奏进行排列组合，从而产生一种有韵律节奏、有规律重复、有连续流动的协调和谐的视觉形象，增强了空间的节奏感与深进感，使人无论是在视觉或者心理体验上都能感受到一种有规律性的流动美。当空间设计为了突出强调某一部分时就会运用对比构成，对比构成可以突出空间的主题或者风格，重点强调的空间设计容易吸引人的注意和共鸣，对比构成一般采用不规则的造型、夸张的比例配置或者具有强烈反差的色彩搭配，在反差中打破单一、单调并显示出多样性与变化性。

其次，平面构成的陈设设计。室内的陈设就是实际存在的物体，这些实际物体在经过平面构成的主观抽象之后就会变成室内设计中的基本元素，这样做就会使得设计者在对室内空间进行设计的时候摆脱表面客观形式上的局限，在整体空间的背景下进行抽象化、概念化的设计，从而使得陈设实体与整体空间环境更好地融合，并在融合中恰到好处地发挥它们使用和装饰性的功能。平面构成在陈设设计中的运用最大的创新之处是摆脱了原有的条框思维，抽象、具象化的结合极大地拓展了想象的空间，物体的陈设不仅只是将它放到一个位置上，设计者还要考虑到陈设的外在视觉感是否与整体空间的内在特点相符合且彼此相互呼应。与空间设计一样，对比、重复、特异的平面构成方式同样适应于室内的陈设设计。综上，平面构成在现代设计中发挥着重要的作用，它总是通过其特有的思维方式和构成手法带给人们一种强烈的视觉冲击美感，并让人们在视觉冲击中感受到一种理性的情感体验。由此可以看出，平面构成不仅代表着理性逻辑思维，同时也代表了感性情感体验，是理性与感性相结合的产物。

（二）色彩构成

1. 现代主义设计风格

室内设计大致可以分为传统风格、现代风格、后现代风格、自然风格以及混合型风格等。这里不作一一介绍。在"简约而不简单——现代美居"的设计中，选用的是现代风格，一种强调突出旧传统，创造新建筑，重视功能和空间组织，注意发挥结构构成本身的形式美，造型简洁，反对多余的装饰，崇尚合理的构成工艺，尊重材料的性能，讲究材料自身的质地和色彩配置效果，发展非传统的以功能布局为依据的不对称的构图手法的风格元素，同时，设计讲究人情味，遵循现代室内设计"以人为本"的和谐理念。

现代主义设计运用到室内中，强调功能为设计的中心和目的，重视设计实施时的科学性、方便性、经济效益性和效率。形式上提倡非装饰的简单几何造型，色彩偏于中性，多以黑色白色为主要色彩计划，符合现代建筑的意识形态和技术要求，同时，现代主义装饰风格也重视设计中对象的费用和开支，把经济问题放到设计中，作为一个重要的因素考虑，从而达到实用、经济的目的。综上所述，现代主义设计非常符合当下人们对于居住空间及经济方面的要求，也是现代潮流人士首选的设计风格，色彩中性，搭配简单，造型明快，始终是潮流的首选。

2. 黑白经典搭配

黑色的神秘与白色的纯净，向来是最具现代感的经典组合。在现代主义设计中，以黑白为主色调的居室空间数不胜数，前面已经谈到过，色彩的搭配在现代室内设计里已不再沉闷单调，在"现代美居"的设计中，笔者选用黑白作为整体室内的主色调，试图以营造出简单大方，干练有序又不失新鲜的设计色彩。黑白作为中性色，是一种可以变得简单大方，也容易造成死板单调的色泽，需要好好地运用。在笔者的设计中，客厅的电视背景墙选用黑色磨砂镜面装饰，在整体空间色调上确定了主色，镜面的反射也扩大了空间的轮廓，提升了整体的空间感受，镜面中间配以米白色软包装饰，结合当下的流行元素，也恰到好处地体现了黑白的搭配，简单中不失流行时尚，新颖独特又不过分张扬。墙面和地面的装饰都以灰色调为主，作为过渡色，不能过于抢眼，色泽不宜太亮，应该综合黑与白的视觉差，给人以舒适温和的感受，很好地综合黑白的优点，营造舒适干练理性时尚的室内空间。

3. 突出整体质感

在现代主义室内设计中，质感的表现往往通过材料的运用而达到至善至美的效果，现代主义对于钢材、镜面以及很多硬性材料的选择中，体现了浓厚的组实质地和从不拖泥带水的干练简洁，这也就迎合了当下人们对于家装的普遍心理，简单大方中不失设计之美，这也是笔者选择现代主义风格做家庭装饰的一个重要方面。材料的选择，如黑色磨砂镜面、米白色软包等最具特色的材料中，体现出作为经典黑白色而所能表现出的一切优越性，干练，大方，简单，明快。在细节装饰中，以窗帘、布艺、餐桌椅、墙面装饰画等的细节设计，体现出层次感和空间感，造型简单明快，处处赋予设计理念，紧紧扣住以人为本，为黑白的空间创造出不一样的视觉享受：色彩紧紧围绕黑白的主题，局部变化出特定的效果，为空间营造出最佳的氛围。

总之，在现代主义室内设计中，黑白搭配作为经典的元素，可以有很多色彩元素予以发挥，细节需要慢慢把握，色彩关系也应越来越和谐。

（三）立体构成

1. 传统立体构成的核心内涵

在传统立体构成设计中，我们所研究的是物体点、线、面之间的关系，所要解决的问题是它们之间形态的结构关系，如何构建一个物体之间的美学原则。立体构成是造型设计的重要基础，主要是围绕空间的立体造型活动，展开对造型中的各种要素（点、线、面）的体积、空间、材质等不同的三维形态的重要元素进行研究，旨在掌握立体造型的基本方法。因此，对形态本身产生的语言及形态与形态之间关系是造型过程中必须解决的问题，即立体构成设计中点、线、面的重心问题，大小关系、质感及位置问题，其目的是构成造型物体的形态美法则。整个立体构成设计的过程是一个分割到组合或组合到分割的过程。任何形态可以还原到点、线、面，而点、线、面又可以组合成任何形态。

立体构成设计是一个多向的空间概念，研究在三维空间中如何将立体造型要素按照一定的原则组合成富于个性的、美的立体形态的学科。从造型领域出发，关注形态在空间位置、方向、角度、数量上的变化以及所产生的视觉问题，从中寻找到立体造型的基本规律，并通过对基本造型材料的了解及在运用中施以一定的技术手段来获得立体造型的真实体验。探索立体形态各元素之间的构成法则，提高设计中形态创作的能力。立体构成设计同时还包括对材料媒介运用的研究，掌握观察立体、创造立体、把握立体的方法，培养立体创造的创新意识，熟练运用各种材质，创造出富有美感和实用功效的立体造型。即立体构成设计中，点、线、面、体的移动、旋转、摆动、扩大及扭曲、弯曲、切割、展开、折叠、穿透、膨胀、混合等运动形式之空间构成。

2. 现代创新构成设计的立体构成形态

立体构成设计的关键在于创造新的形态，提高造型能力，同时掌握形态领域的分解、对形态进行科学的解剖，以便重新组合。作为研究形态创新设计领域的立体构成，所涉及的学科城市形象设计、建筑设计、室内设计、工业造型、雕塑、广告等设计行业。除在平面上塑造形象与空间感的图案及绘画艺术外，其他各类造型艺术都归立体艺术与立体造型设计的范畴。其特点以实体占有空间、限定空间，并与空间一同构成新的环境、新的视觉产物。就是我们所说的"空间艺术"。立体构成形态是现代设计观念和现代设计创新技能的基础，培养现代构成创新意识和现代审美意识，对今后各专业的创新设计领域的极有帮助。设计是人类特有的、有意识的创造性行为，不仅涉及艺术与技术相结合的研究，还涉及自然科学的诸多领域，它包括环境与建筑、工业与产品、视传与展示等，涉及人类衣、食、住、行的各个方面，是人类从事物质生产与精神文化生产的综合性科学。立体构成形态要解决的问题主要表现在对几何形体的多维空间组合，同时由于现代科技的高速发展和新材料的不断涌现对立体构成形态的体面关系和质感关系提供了多种可能，这样在构成形态上就极大地丰富了表现手段。从人性化设计理念入手结合现代科技成就，应设计出更具时代感和人性化的有创新构成意义的作品。

现代创新设计是一个综合的设计概念，以一定的材料、视觉为基础，将造型要素，按照一定的构成原则组合成合理的形体。以纯粹的或抽象的形态为素材，探讨更合理、表现更完美的形态构成。探求包括在各类设计中对材料形、色、质等心理效能和材料强度及加工工艺效能等几个方面。在此阶段中，通过对多种材料的接触，感受与了解它们各自不同的特征，掌握和运用材质在现代创新设计中的组织能力，对立体构成形态在现代创新设计中的运用提升一个新的领域。

3. 立体构成在创新构成设计的应用表现

我们现在的创新设计领域主要涵盖城市视觉形态设计、各类工业产品设计及有空间意义的视觉传达设计。在传统的设计类学科中，比如在平面设计中所呈现的新形态不再局限在二维的表现形式上，更多的设计创意融合了立体形态、造型设计等因素。在设计这些传统学科中必将产生一个新的学科，也可以说是传统学科的综合体现。立体构成设计研究在三维空间中的形态造型，在各类工业产品设计的应用，涉及了对客观生活规律与形式美感关系的理解，对创造规律的理解和应用，对造型要素和要素关系的研究，对产品造型材料、工具、技法和形式的立体研究与开发，既是对视觉语言和造型艺术中形式美感产生与创造规律的研究，也是对创新形式与创新方法的探索，其主要就是功能性和美观性相结合。

三、室内设计形态构成的趋势

（一）适应市场竞争力的需要

如今的室内设计推进了低碳、节能等各方面的功效，国家也成立了许多室内设计专业质量标准检测机构，目的是建设出更绿色、更环保的设计样式。但即便这样，每个行业还是会建设出不同质量的建筑，这就是企业的竞争力之一。有的企业为了在室内设计的外观上吸引客户，以绿色作为室内的主要色系，给客户造成了一种错觉感，实际上这种设计并不具备低碳、环保的功能。因此，要想在设计行业中取得长足发展，就要在根本上处理好室内的形态构成及空间环境，这样才能提高市场的竞争力。

（二）适应方针政策的需要

近年来，国家推进设计生态化，对室内形态标准的要求也是越来越高，一些不符合检测标准的形态设计逐渐远离了市场竞争，所以国家政策对于室内设计的形态指标有着良好的监督作用。国家也对室内设计从生产流程到使用环节上都进行了明确的监督，对于不合格的现象及时制止，推广和使用室内设计材料的意识，要与国家倡导的空间形态及节能减排理念相符。

（三）适应时代潮流的需要

随着人们生活水平的不断提高，人们更加关注自己居住条件的舒适度和健康问题。近些年来，因为空间形态的不合理及设计材料的化学物质及污染程度对人们的健康造成了大的威胁，在设计材料的选择上，更多的客户注重的是材料的质量，如：材料的环保问题、污染问题等，客户们都想去选择既节能减排又绿色低碳的材料。

（四）适应可持续发展的需要

在生产经营活动中，要控制节能减排，既要保留过去室内设计的优秀传统，又要添加新的元素。

四、室内设计的创新发展

（一）室内设计的独特性要创新

创新本应该是我们设计的源泉，要创新不仅仅是标新立异、推陈出新，而是在继承过去设计创作成果的基础上，开拓新思路、发掘新的艺术表现形式，寻找新题材，需要在创作上探索新结构、新技术领域。

在我们进行设计的过程中，想要在设计上创新，就需要把握设计对象特有的性质，室内设计只能运用自身的特殊表现手法，依靠其他艺术形式内容来表现自身的设计，利用各种元素相互融合形成一个整体的综合效果。因为室内设计的创作，其构思过程是受各种制约条件限定的，只能跟随特有的模式前进，运用形象特殊具体的逻辑思维，打造出美的抽象艺术形式。反之，往往设计出庸俗不堪的后果，只能适得其反了。

另外，在进行设计的过程中，首先应从了解设计对象的本质特性着手，特别注意环境限制性的问题，以此为设计的突破口，再以此为依据，进行整体设计构思。因为室内设计的独特性，要求我们设计的构思也是与众不同的，我们有没有好的设计构思都取决于对总体环境的各种制约条件是否有深刻的分析而决定。

当然，设计者拥有一定成熟的构思和与之相匹配的表现形式，就会产生特别的室内设计空间感的效果。只要我们的设计能从具体的实际情况出发，并能具体问题具体分析，就可能使作品标新立异。比如在考虑空间之间的衔接关系时，一定要把人的行为心理特征充分考虑进去，毕竟我们设计的根本是人，"以人为本"始终是我们设计的根本立足点。问题的关键取决于我们设计者设计思维逻辑的主观能动性是否有效地充分发挥出来，即是否有创新意识则是问题的关键所在。

（二）室内设计发展要创新

创新不仅是室内设计业界发展的需要，同时也是社会发展的需要。步入新的世纪后，随着全球经济一体化的快速发展，人类已经进入一个全新的时代，未来是一个多元化的设计时代，各个国家的设计文化特色与鲜明的地方风格的创新设计作品都会受到尊重和推崇，这是因为创新才是我们面向未来的设计发展方向。

（三）室内设计的内涵与创新要紧密相连

设计者都希望创造出自己独特的设计，希望实现设计的创新。因为有了这种设计的急切心态，就会只是为了创新而创新，却忽略了设计的本质内涵。出现这样的问题，说明设计师在设计时，是把设计放在首位的，而没有首先考虑到设计的重点环境和人。我们做设计的目的是美化原有环境，为人类服务，使人们生活和工作在一个健康、理想和舒适的环境中。要避免上面的问题，我们需要正确认识室内设计的含义，方能揭示出目前存在的问题，继而找出解决问题的方法，而对室内设计内涵认知问题当然有研究必要性。

从含义上说，室内设计是建筑创作不可割裂的组成部分，因而讨论室内设计的问题，其焦点是如何为人们创造出具备良好的物质与精神需求的室内环境。所以我们不能把室内设计看作是一项独立的工作项目，确切地说，它是建筑构思中的深化和再创造，因而既不能人为地将它从完整的建筑总体构思中划分出去，也不能抹杀掉室内设计的相对独立性，更不能苛刻地把室内外空间设计作如此的界定。这些看似矛盾的设计划分实则是一个设计整体，是我们了解把握设计整体性的一个关键问题。

室内设计主要指在现代建筑条件下，创造合理完善的建筑室内环境，以满足人们不断增长的物质和精神生活需要。在现代社会，室内设计之所以越来越受到人们的重视，正是由于它具有强大的社会基础和能充分反映当今社会现实的需要。室内设计是现代科学技术和传统文化艺术相互结合的必然结果，室内设计受到各种新兴的科学技术发展的很大影响，诸如行为科学、环境心理学、环境物理学和环境艺术等新门类科学，使室内设计这门学科更广泛地包罗人的各种生产活动内容，从而更全面地满足人们不断发展的物质与精神生活的需求。因此，设计师不能盲目追求创新，一味地标新立异自己的所谓独特风格，最后反而不能真正达到室内设计的基本要求。设计师应该紧随社会的发展，依据人们文化、审美等精神生活方面的不断提升准确理解室内设计的内涵，拥有清晰的设计观念，能设计出高水平的室内设计作品，实现设计的创新。

第八章 绿色生态在室内设计的应用

第一节 绿色生态与室内设计理论

一、绿色生态对室内设计的影响因素

（一）绿色生态室内设计中的人文因素

绿色生态室内设计不仅受到周围自然生态的环境因素影响，而且当地的人文特色、乡土人情也是生态室内设计要考虑的一个重要因素。其中，人文因素包含了当地的经济发展程度、人民受教育程度、民风等内容。不同的地域会有不同的城市风格，而这些城市风格背后所隐藏的文化意蕴已经融入每个人的生活之中，经过沉淀形成了富有当地特色的室内文化。

（二）绿色生态室内设计中的美学元素

人们对室内设计的追求已经不仅仅停留在居住舒适的程度，还包含了个人审美的诉求、精神追求的表达。随着绿色生态文化的不断渗透，工业文明中的人类已经不再单一地追求奢华、气派等浮夸的设计风格，正在逐渐恢复对自然的崇敬、对自然的向往、渴望与自然融合的心理观念。

绿色生态室内环境设计讲究的是人与自然的和谐共处，从审美角度来讲，体现了人与自然的完美结合。如何在设计风格中体现人与自然为一体的设计理念，需要当今的新兴科学技术、新型材料、新型能源、新型制造工艺以及自然的设计风格配合完成。

人们对绿色生态室内设计的要求是人们对文化诉求、审美意境的表达。绿色生态室内设计的自然与人融合的审美体现在设计的各个细节上，如采光方面多选择光线充足、光影变换较为丰富的设计效果，这样设计不仅可以使设计的空间得到了拓宽，还使室内的设计与外部的自然环境可以有机地结合

在一起；色彩运用方面也多采用自然色调，装饰选择上多采用植物、生态景观、动态流水效果、巨石假山、花鸟鱼等自然"材料"，使人的五感（视、听、嗅、触、味）方面都可以感受到设计中蕴含的自然理念，营造清新的自然风光感受，让人仿佛置身于大自然中。

（三）绿色生态室内设计中的生态特性

节约资源、节约能源是维持绿色生态室内设计可持续发展性的一个最直接的手段，尤其是在不可再生的珍贵资源的利用方面。首先，在空间的利用方面，设计要尽量做到合理安排，杜绝奢侈豪华的设计风格，多采用多层复合结构的空间设计。在有限的空间内提供给人们多种使用需求的构造。其次，通过科学、优化的设计，减少室内设计中装饰的过多、冗余、繁复的现象，在满足室内设计的基本要求下，最大限度地减少用料、材料的使用，降低装修成本。在设计过程中，充分考虑材料的可重复利用的特性、家具的使用期限，选材也多选用环保、绿色、安全、健康的绿色材料，例如石材、木材、丝绵、藤类等天然装饰材料。这些材料相比化学合成的装饰材料，具有无毒、环保、利于室内环境调节的优点。最后，在采光、通风、噪声处理、能源使用方面，多使用自然资源。例如，利用自然采光营造空间拓宽的效果，通风考虑周围环境因素，利用太阳能设计洗浴、水加热等。

二、绿色生态理念下室内设计的基本措施

（一）绿色装修材料

生态室内设计应该采用绿色环保的装修材料。近几年，绿色环保的装饰材料在市场上逐渐走俏，这些材料在生产和使用的过程中都不会对人体造成伤害。这些材料作为装修的废弃物也不会对环境造成太大的污染，如无毒涂料、再生壁纸等等，这些材料都具有无毒性、无挥发气体的释放、无刺激性、低放射性等特点。

（二）绿色生态型室内设计方法

通过巧妙科学的绿色生态型室内设计方法，可以从视觉上拓展空间，增加空间的分层设计，合理高效地利用空间资源，多采用自然采光、自然通风效应来提高室内设计的舒适感，将绿色生态室内设计的效果融入周围的环境中去。

（三）绿色高科技

绿色生态室内设计还应该多采用绿色科技。例如，利用植物的废气吸收特性，来清洁空气中的甲醛和多余的二氧化碳等气体，营造一个良好的室内空气循环系统，同时植物还可以起到装饰的作用。由此可以引申至室内绿化设施、庭院的设计引入室内等手段。还有类似无土栽培等绿色高科技，都为绿色生态室内设计提供了有效可参考的技术措施。

（四）节能技术

能源问题是生态室内设计的一个重点，降低了能源的使用，可以很直接地减少人类活动对自然环境的破坏。例如，吸热玻璃、热反射玻璃、调光玻璃、保温墙体等新科技产品都可以在节能方面为绿色生态室内设计带来可行性，将这些技术产品有机地组合在一起，可以达到温度和采光两个方面的良好设计，还能大大地降低能源的使用。

（五）清洁能源

清洁能源也是绿色生态室内设计未来发展的一个方向。随着清洁能源的快速发展，传统的能源模式正在逐渐改变，传统的石油、煤炭能源会带来巨大的污染效应，而清洁能源不仅在供给方面可以保证室内环境能源的使用，在环保方面的效果也非常明显。目前，优秀的清洁能源有太阳能、天然气、风能等，其中太阳能和风能技术已经日趋成熟了。

第二节 绿色生态理念在室内设计中的运用

一、绿色设计理念对室内空间规划的把握

室内空间是指建筑下的空间概念，是室内建筑空间的一部分。室内空间是由面围合而成的，这些面分别是地面、墙面、顶面，界面之间不同的组合关系构成了不同的空间形态。"生态设计理念"主要强调设计的环保性、可持续性、功能性、人性化和对风格、品质、文化内涵的追求。生态设计理念下的室内设计会让人们的室内空间有良好的通风，最大限度自然采光，赏心悦目的室内环境，在尽量不改变原始框架的结构下保证空气的流通性和充足的阳光。

城市住房越来越拥挤，人们希望室内空间有开阔的视野，足不出户就

能感受到与大自然的融合。在生态设计理念下，空间功能规划，人口的流动路线也是要充分考虑的。

二、生态设计理念在室内界面中的运用

在室内空间中，室内界面是由地面、墙面、顶面组合而成。在进行室内装饰时，我们会对界面进行处理。在墙面和顶面的处理上，大多数选择涂料粉刷，有些涂料由于造价低廉，质量不达标，里面含有有毒的化学成分，人们长期接触对人体有极大的伤害，给我们的健康带来安全隐患，同时也会对室内外空气造成污染。在墙面和地面的装饰上，我们会根据不同的风格形态需要选择不同的装饰材料，但是现在很多的装饰材料含有有害物质，如放射性物质、甲醛超标等，诱发人体疾病，对环境和人都造成不同程度的影响。其中，大量使用不可再生资源，对资源造成极大的浪费。在绿色设计理念下，我们会选择环保型的材料，尽量选用再生周期短的资源开发和使用，减少资源能源的消耗，走可持续发展道路，实现人与自然和谐共处。

第三节 绿色植物和家具的引入

一、绿色植物的引入

（一）美化环境

绿色植物总能给人们温馨、亲切的感受，我们的室内装饰中能看到很多绿色植物的身影，它能让室内环境充满活力和生命力。室内空间大多是直线和棱角，显得有些冷漠，而植物的形态各异、色彩丰富，点缀其中，使我们的空间更加富有灵动感，装饰美化室内环境。

在餐桌、玄关柜等地方放置一些小的装饰植物，既能够烘托空间的氛围还能装点空间，使空间不会空洞、乏味。植物种类繁多，不同品种的植物有着不同的气息，用途、摆放也会不一样，要选择性地在合适的空间摆放。例如，梅兰竹菊透着文人墨客的优雅气质，适宜摆在书房；在卧室摆放的植物要能使人们睡眠质量好、身心舒畅，还能净化空气，不能摆放花香特别浓郁的植物等，会影响人们的睡眠质量；开花类植物适合在色彩单一的空间，让空间更生动，适当的绿色植物装饰能让室内更加清新脱俗，起到工艺装饰品达不到的装饰效果。植物的色彩会随着四季的变迁而发生改变，在室内形

成一道靓丽的风景线，让我们足不出户也能感受到季节的更替，在视觉效果上给人带来艺术享受，在这样的环境中工作、生活让人陶醉。绿色植物装饰在背景墙上，不仅能装饰空间，还能净化空气；不同种类颜色各异的植物拼接在一起形成一幅植物的画卷，给人强烈的视觉冲击力，形成室内独特的风景，这样的就餐氛围让人感觉十分惬意。

（二）净化空气，调节室内环境

当今大气环境质量的下降，室内也潜藏着有害气体的危害，如一些装饰材料和人们日常生活排放的有害气体。空气质量问题给人类带来了疾病，影响着人们的身体健康。绿色植物可以在室内吸收二氧化碳释放氧气，吸附空气中的灰尘，净化室内空气，调节室内空气系统达到良性循环。绿色植物还有杀菌的作用，很多植物能杀死或抑制空气中的细菌、真菌，使空气洁净卫生。室内装修后会产生有害的化学气体，这时选择一些吸收甲醛等有害气体的植物对室内空气进行清理，创造良好的空气环境。在我们的室内空间中，电子产品给我们的生活带来了方便，但是有些会产生对人体有害的辐射，我们通常会在计算机旁摆上仙人掌或者仙人球，吸收所产生的辐射，减少辐射对人体的危害。

绿色植物还能调节室内的温度和湿度，达到人们适宜居住的环境。在炎热的夏季，阳光的照射使屋内的水汽迅速蒸发，温度升高，而绿色植物能够吸收空气中的热量，散发水分，锁住空气中的水分，从而调节室内环境。有些外墙上种植了茂密的植物，能起到遮挡的作用，外墙的温度降低，室内也能感受到阴凉。另外，居住在城市中避免不了噪声的污染，人们总是被各种噪声侵扰，例如建筑噪声、交通噪声、工业噪声等，会影响到了人们的生活作息，让人们心神不宁。室内绿色植物的使用能隔离减缓噪声污染，在室内和阳台摆放一些枝叶繁盛的绿色植物，能够一定程度地降低噪声的影响，起到阻挡作用，使室内更加安宁、清静。

（三）分割空间结构

绿色植物能使室内室外空间自然地过渡。在室外，我们能享受到大自然的气息；进入冷漠的室内，在室内摆放绿色植物能更好地衔接室内室外空间，使室内环境更加亲切。在有些拐角处、角落、功能分区衔接的地方摆放绿色植物，既美观又能自然地过渡。绿色植物还能起到延伸空间的作用，比如，在酒店大堂门口摆放绿色植物，能感受到室内室外的一体性，延伸了室内空间；阳台种植绿色植物，把房屋的边界弱化，使室内室外融为一体，使视野更加开阔；有些酒店大堂，商场的中庭种植高大的绿色植物，使各个楼层之间相互联系，开阔的视野延伸了空间感。

　　室内利用绿色植物可以分隔空间，绿色植物可以替代隔断的作用，环保又美观。运用植物分隔是相对性的分隔，植物特有的形态特征，能保证空间的通透性和私密性，还赏心悦目。例如，在餐厅为了分隔相邻的就餐区域，在中间摆放绿色植物使空间隔开，这样不仅保证了各区域的私密性，又避免了空间太过封闭，还维持了空间的流通性，人们在就餐的同时还能观赏植物保持愉悦的心情，绿色植物还能散发出清香，为人们提供清新雅致的就餐环境。在室内空间设计中，为了保持室内的通透性，很多区域都采用这个方法。在酒店大堂中就会使用这个方法，酒店大堂需要同时满足很多功能区域于一体，又要保证其大气和一览无余的开阔视野，所以如果运用硬隔断将有些功能区域分隔开，会使酒店大堂菱角过多，浪费室内空间。例如，将大堂休息区与其他区域分开，运用绿色植物能使室内更加通透，又区分了室内的功能区域，还能增加大堂的美观性，为室内增添了一份绿意。另外，室内绿色植物的使用，在不经意间起到了指示和引导的作用，绿色植物装饰性很强，在室内很容易引起人们的注意，如果加以设计搭配，必定会成为焦点。例如，在门口和拐角处摆放绿色植物，能够引导人们的交通路线，含蓄地指向某个区域。

　　（四）维持身心健康

　　现在人们的生活节奏过快，在工作空间下人们只是冷冰冰地跟机器打交道，室内过于单调和冷漠。在屋内摆放几盆植物，室内空间立马变得活泼起来，充满了生命力，让心情变得愉悦，拉近人们之间的距离感，增进人们之间的互动与交流；绿色植物的形态生动，能打破室内直的线条，让室内更加柔和、温馨。

　　绿色植物是大自然的产物，人们都本能地向往大自然，绿色植物让我们有一种亲近感，缓解人们的压力，仿佛置身于大自然之中。在居住空间也少不了绿色植物的身影，人们在强大的社会压力下，急需一个舒适、安静的地方放松身心。绿色植物进入我们的住宅，不仅能装饰室内空间，调节家居氛围，为人们营造轻松、欢快的环境，还能调节室内的温度、湿度、吸收有害气体等，保持一个健康的室内环境，维持人们的身心健康。在室内，人们都会种植一些绿色植物，我们在对绿色植物进行打理和养护的过程中也能平静心态、陶冶情操；我们对绿色植物进行养护使绿色植物苗壮地生长，能给人心理满足感，促进心理健康发展。此外，绿色植物还能保护我们的视力，在日常生活中我们频繁地用眼，会造成眼睛疲劳，视力迅速下降，在休息的时候多看看绿色植物能缓解眼睛的疲劳。我们在工作的计算机旁边放上一盆植物，眼睛累了多看看绿色植物，既能调节眼睛疲劳还能防辐射。

二、绿色家具的引用

（一）实用性家具

实用性家具是指有具体实在的使用功能的家具，比如床、桌椅、柜子、沙发等，这些家具是满足人们在室内进行生产生活的必需品，让人们在室内的生活变得更加方便舒适。它们是人们在生活中接触最多的物品，所以在家具的设计过程中要考虑到它的美观适用性、功能性，作为绿色家具还要考虑它的耐用性、人性化设计和家具自身的环保性。家具不仅能满足其实用功能，还能作为表现艺术的一种载体，让人们在设计的过程中放飞思绪、天马行空，表达设计者的情感态度、设计美感、对生活的态度，让家具形式更加多样化，丰富人们的生活。人们一般会选择本身比较坚固、结构比较稳定的材料来制作家具，例如木材、竹材、藤等环保材料，或是将其搭配在一起使用。

藤编历史悠久，近几年，由于绿色设计和回归自然思潮的兴起，藤制家具越来越受到现代人们的青睐。在设计过程中将藤编的传统手工艺和现代人的审美和设计思维相结合，让古老的藤编工艺在现代生活中展现了新的生机活力。藤制家具纯天然的材质特性给人亲切、安心的心理感受，是现在不放心材料家具市场的一股清流，不会释放任何有害的气体；藤制材料纯天然的质感、肌理效果保留了最原始的自然的味道，让室内充满了大自然的气息；藤材的长短、厚薄、粗细有很大的弹性空间，可以随着设计需要的变化而变化，所以藤制家具的形态变化无穷，给设计师无限想象和发挥的空间；藤制家具中所融合的手工工艺，体现了现代人对传统手工艺的尊崇和向往，比普通家具中规中矩的形态更加的柔和、亲切，手工艺编织更是增添了人情味，让人感觉更加温暖。以上分析的实用性绿色家具不同的材质形态给室内不一样的体验效果，但都是对环境无公害的、美观、实用的绿色家具。

（二）灯具

室内中的灯具是室内空间功能完整必不可少的一部分，灯具能在室内光线不够的情况下提供光亮，为人们的生产生活提供方便，部分辅助灯光还能装饰丰富室内空间氛围。室内的灯具按照明方式不同进行分类，可分为顶面的吊灯、吸顶灯、筒灯等，地面的落地灯和地灯，桌面的台灯，墙面的壁灯。不同的灯种有不同的使用功能，灯光的效果也不一样，根据室内的需要进行安装设置。现在灯具除了方便照明外，由于人们审美观念的提高，对室内品位、生活质量的追求，现在的灯具慢慢要求其有较强的装饰性，与其说是灯具，更像是一个陈设品展示在空间中，因此灯具的造型设计越来越丰富。绿色设计理念下的灯具，要求其电光源（灯泡、灯管）要节能，以减少能源的消耗；灯体的制作材质尽量耐用环保，减少不停地更换，节约资源；灯罩使用环保材料，达到美观、实用与保护生态为一体。在绿色设计理念的前提下，现在很多原生态材料运用到灯具的制作中，配合内部的发光体，使原生态材质更加多姿多彩，使灯具充满了艺术气质，成为空间中的聚焦点。下面分析的灯具是原生态材料运用下的灯具效果。

第四节 绿色生态理念下的室内物理环境

一、室内热环境

室内温度是以人的皮肤感觉为依据，合适的室内温度人们才能感觉到舒适，过高和过低都会影响人们的生产活动。影响室内温度的因素主要是建筑形成的实际温度、建筑下的室内空间通风的设计、房屋的结构形成的室内温度，还有太阳的照射也会影响室内的热感，所以房屋的朝向窗户位置要合理安排。室内的湿度也会对人体产生直接感受，室内湿度较低时会使室内空气干燥并产生静电；而室内湿度太高时，人在室内会有烦闷感，容易滋长霉菌，不利于人们的身体健康。由于现在的建筑室内密闭性较好，室内空间的浴室、厨房等湿气大，建筑材料只能一定程度地控制湿气，主要还是要有良好的室内通风设计，保障室内的湿度适宜。室内空气流速是指空气的流动速度，影响着室内的空气对流、空气循环和散热。室内各界面的表面温度影响了人体温度的冷热感，比如室内各界面的表面温度高，人体的热感会增加，室内各界面的表面温度低，人体会产生冷感。室内热环境被这些因素影响，因素之间也是相互影响，在生态设计理念下，维持良好的室内热环境并达到节能环保，我们可以从以下几个方面入手。

第一，在建筑规划时就应该有良好的设计，为良好的室内环境打下基础，建筑设计初期应考虑建筑的布局、朝向方位、建筑之间的间距、建筑的门窗设置等，这些都与室内的通风、采光有很大的关系。

第二，合理地安排房间位置，由于一些条件的限制，并不能让所有的房间都拥有理想的阳光和通风，所以不同的房间热环境也不一样。在设计时要根据房间不同的使用性能、使用频率、重要性等，来合理地安排房间的位置，比如说客厅是使用最频繁的地方，应该有充足的光线和通风；还有老人和小孩的房间，他们是需要关注的弱势群体，也要有好的房间位置。

第三，合理地利用阳光和通风。冬天应尽可能多地让阳光照入室内，提升室内温度，夏天应减少阳光的直射。合理地安排门窗，增加室内空气对流，达到良好的自然通风。

第四，提高建筑室内界面的保温隔热性能，合理地利用保温隔热材料。建筑界面的保温隔热性能直接影响了室内热环境，例如在寒冷的冬天，建筑界面保温隔热性能好才能保证室内热量不易流失，冷气不易侵入。所以，界面好的保温隔热性能让人们在室内更加舒适，还能减少供暖、空调的投入使用，从而减少资源、能源的消耗。随着现带科技的发展，合理地运用保温隔热材料确实对室内热环境有一定的效果，但在生态设计理念下，材料的大量运用会造成很多废弃物，不合格的材料还会产生有害气体，影响人的身体健康，所以在选择保温隔热材料时应尽量选择绿色环保材料。

第五，结合室内水体和植物。在室内布置水体和植物能调节室内的温度和湿度，特别是在夏天，室内的水体能吸收室内的热量，保持室内的湿度；植物能也能调节室内的微气候，还能增添室内的绿意。很多酒店或者公共空间室内会使用水体和植物，但是在寒冷的冬季，室内应该谨慎使用水体。

总之，室内热环境的好坏与室内环境有着密切的关系，再好的设计没有良好的室内热环境都是不符合生态设计的，同时室内热环境的创造要考虑到节能环保的要求，才能达到真正的生态设计。

二、室内空气环境

相对而言，室内的空气比室外的空气跟人体的接触更为密切，而现在人们大部分的时间是在室内度过的，拥有健康的室内空气质量就显得尤为重要。现在楼房林立，建筑房屋飞速发展。为了保证室内的私密性、隔音、隔热、御寒等，室内的密闭性加强，门窗也更加封闭，而室内的空气流通就成了一个很大的问题。现在人们对室内装饰品质的要求越来越高，而室内不合格的装饰材料释放着对人体有害的化学气体，包括家具的材料、平时的不良生活习惯（如抽烟等），导致室内的空气品质不佳；加上室内空气流通性差，有害气体不能及时扩散出去，人们长期生活在这样的空气环境下导致人们的身体素质变差，引发了很多疾病，人们开始关注室内的空气质量。室内空间本该是人们日常生活、工作、娱乐的地方，但是空气质量问题却成了一个安全隐患，危害人们的健康，使室内成了一个有潜在危险的地方。因此，我们要提高空气质量，让室内更加舒适、安全，提高人们的工作效率和身心健康。

在生态设计理念下，要解决以上问题，改善空气的质量，我们需要做到以下处理方法。

第一，选择材料时尽量选用绿色环保材料，减少有毒气体排放。现在很多材料都是不环保的，我们在新家装修完后，要开窗通风，放置一段时间才能居住，不然会严重影响人们的身体健康。

第二，可以选用未加工处理的原生态材料使用。这些材料安全无污染，节省人力物力，节约资源，减少废物的产生，还能循环利用。原生态材料保存着其原有的肌理和色彩，透露着自然的气息，越来越受到人们的青睐。

第三，在室内安装空气交换机，促进空气循环。

第四，房屋设计初期应充分考虑空气流通走向，合理加大通风采光口，减少不必要的隔断，有些功能区域相连更方便使用，隔断的减少能让室内空气畅通无阻，视野更加开阔，减少空间的浪费。

第五，合理利用绿化吸收空气中的有害物质。

空气质量得到改善，人们才能在室内空间中安心地学习、工作、生活、娱乐，创造了健康的室内环境的同时也保护了地球的大气环境，有利于持续发展。

三、室内声音环境

据数据显示，当人长时间生活在噪声过高的环境中，不仅会对人的听觉不利，还会影响人的身心健康。若这种情况持续保持很长时间，就会变成永久性的听力损伤，严重者会完全丧失听力。目前，住建部已对绿色生态住宅室内声环境制定了专项指标，白天应小于35dB，夜间应小于30dB。因此，生态室内设计必须采取降噪隔声的措施。

一般生态室内设计针对声音环境会从几个方面考虑。

第一，设计位置的选择。尽量选择周边环境安静，符合国家标准的地段。同时，在大型室内设计时，还会将室内的相对安静和相对嘈杂的空间分开，另外有资料显示，面对面布置的两间房间，只有当开启的窗户间距为9～12m时，才能使一间的谈话声不致传到另一间。而同一墙面的相邻两户，当窗间距达2m左右时，才可避免在开窗情况下谈话声互传。

第二，选择合适的可以处理噪声的材料，降低噪声的传播。同样，门窗是容易忽略的位置，可以选择密封性较好，多层的门窗，既可以降低噪声影响又可以起到隔热保温的设计效果。

第三，绿化也可以起到一定的降噪作用。

四、室内光环境

室内光环境是人们生活必不可少的元素，是人们健康舒适生活的必要保障，是一切生命生存的依赖。自然界中任何生物都不能缺少光的照耀，植物要通过阳光进行光合作用，人没有光将寸步难行。人们从外界获得信息，大部分来自视觉，而人们视觉过程的实现主要是通过光。在室内空间中，光环境主要是由光照度的大小、亮度的分布、光线的方向等构成，室内的光环境质量不仅决定了视觉环境、视物的清晰度，室内安全性、舒适性和方便性，还能影响室内的美观效果。光环境给人们的感受，不仅是一个生理过程，还是一个心理过程，影响着人们的生理和心理健康。

室内的采光主要有两个来源：一个是自然光，一个是人工照明。生态设计理念下室内的光环境主要注重节能、环保、健康。自然光是由太阳而产生的，它最大的特点是光照温度适宜，亮度柔和，早中晚的光线各不相同，人们早已适应了光线的变化，日出而作，日落而息。现在人工照明方便普遍，是人类史上一项伟大的发明，它为人们的生活提供了方便，延长了人们生活工作的时间，让人类活动不那么有局限性，它营造的空间氛围、照明的效果和给人的心理生理感受是完全不一样的。自然光是有温度的光线，会随着时间的变化而改变，能满足人们的心理需求。自然光作为万物生存的根本，它更适合人的生理和心理需求。生态设计理念要考虑如何合理地运用自然光，让室内空间达到最好的采光效果，这不仅能降低能源的消耗，节约能源，阳光的射入也有利于营造健康温馨的室内环境，不同季节的光照也为空间的采暖提供了热量，有利于能源的循环利用。一年四季，自然光给人的感受是不同的，但唯一不变的是我们不能缺少自然光。

所有空间形态的塑造都离不开光，自然光可以凸显室内的轮廓，柔和室内物品的色彩，增强材料的肌理效果。光和影是相辅相成的，室内形态的多样性可以创造出丰富多变的光影效果，光影效果会随着时间的变化而改变，形成了室内移动的风景线。自然光洒落在室内的物体上，使物体表面散发绚丽的色彩，让室内色彩更加丰富多变。自然光所产生的光影效果让室内氛围更加活跃，仿佛不同的音符在其间跳跃，还能体现室内内部结构的魅力，不需要过多的装饰就能让室内表现出别致的景色，充分表现了光线的艺术性。但也要注意洒入室内光线的舒适度，不宜太过强烈，否则会影响人们的生产生活，太强烈的光线会引起人们的反感，在设计初期就要解决这个问题。现在楼房密集，有些室内空间仅有少量的阳光射入，给人们的生活、生理和心理健康带来严重的影响，室内常年照不到或照射少量的阳光，人们的心理会产生抑郁的情绪，家用物品也会容易损坏。因此，我们要合理地设计室内空间，使自然光得到最大化的利用，让人们生活在舒适、健康、绿色的室内空间中，减少能源的消耗。在室内过道上，顶面采用玻璃的设计，使自然阳光洒入室内，不仅为室内植物提供了阳光，优化室内轮廓，其所产生的光影效果成了这个空间最大的亮点，多变的光影效果为室内增添了一份乐趣，为人们创造了愉悦、欢快的室内氛围，有利于人们生理和心理健康发展。

人工照明是在光线强度不够的情况下，来为人们提供照明，方便人们的生产生活。在生态设计理念下，人工照明要考虑节能，尽量选用节能灯具；光照的亮度要适中，无眩晕感；灯光的颜色要适宜，不要对视觉产生不舒适的感觉。某些室内，为了达到所谓的灯光效果，竟然封闭了所有的自然采光，完全由人工照明取代，这样虽然达到了某些艺术氛围，但是浪费过多能源。

没有光线照射，室内细菌滋生，空气质量不达标，不符合生态设计的要求。自然光无论是光色、光度等都非常丰富，千变万化；而人工照明虽然仿照自然光设计了不同颜色、灯光范围、灯光照度，但是始终是机械化的光源，无法替代自然光给人的心理和生理感受。在进行室内空间设计时，我们应该尽可能地充分运用自然光，除非某些必要的场合，一般情况下室内空间应该尽量避免全人工照明的情况，这才能符合生态设计中节能环保的需求。

第五节 绿色原生态材料在室内空间的运用

一、原生态材料的基本概念

材料是制作产品的基本要素，设计中的功能或形态的体现都是由材料来实现的。原生态材料是自然材料的一部分，是来源于自然的。原生态材料是指具备良好的使用性能和环境协调性的材料，其中环境协调性主要是指对环境污染小，资源、能源的消耗低，可再生循环利用率高。原生态材料满足在其加工、使用乃至废弃的整个生命周期都要具备与环境的友好、共存、和谐相处的要求，很符合绿色设计理念，符合现在的发展趋势，越来越多的原生态材料运用到室内设计中。在我们的日常生活中，很多原生态材质是非常常见的，例如大部分的天然石材和木材，且石材和木材品种也很丰富。随着人们的审美和品位的变化，一些看似不会用于室内空间装饰的自然物，直接或是经过艺术的加工处理后装饰在室内，保存着原始的自然气息，通过排列组合，表现出意想不到的独特效果，充满着艺术的气息。这些材料的使用改变了人们对传统装饰材料的认识。我们身边很多对室内环境无污染的、可以营造室内空间氛围的自然物都可以被用来装饰室内空间，这样就会产生独一无二的装饰空间效果。

原生态材料是环境友好型材料，在其使用过程中不会对人类、社会和自然造成影响。在室内设计中，原生态材料不仅能满足人类所需的功能性，更注重的是原生态材料的环保性和可持续发展。这是传统材料无法比拟的，人们在传统材料的开发和生产过程中耗费了大量的能源和资源，给环境造成了很大的破坏，危害人类的发展。而原生态材料的安全、节能、可再生、可循环利用特性很符合人与自然和谐共处的理念，人们开始关注原生态材料，更多地去开发利用原生态材料，传统材料由于其劣性会慢慢被淘汰。原生态材料将会是未来材料发展的趋势，是人类社会发展的需要。

二、原生态材料在界面装饰中的运用

现今，人们的物质条件越来越丰富，在建筑的基本框架下，人们都会对室内空间界面进行不同程度的装饰，室内装饰的体现大部分是由界面装饰来呈现的，所以对界面的设计装饰就成了室内设计中最为主要的一部分。室内界面是由地面、墙面、顶面构成，我们在对界面进行装饰时，要考虑到材料本身的属性、特征和对整体空间的协调性。运用原生态材料对室内界面进行装饰时，其本身的纹理、形态、色彩都有其艺术性，表现在空间界面上充分展示了它的细节美。装饰过程中会对体量比较大的材料进行加工处理，常见的处理方式是对原生态材料的形态进行点状、片状、线状的切割，使其适合室内空间的尺寸，再通过一些施工方法将其镶嵌、悬挂到空间界面上，在处理过程中依然保持着原生态材料天然的纹理和色彩。

运用原生态材料进行室内装饰在现代社会中较为常见，原生态材料种类丰富多样，能为室内呈现不一样的风格，给室内带来清新活力，让原本冷冰冰、呆板的室内空间充满自然的氛围。现代都市的人们每天都承受着各种压力，亲近自然会让人们更加放松。选择原生态材料进行室内装饰能让人们感受到大自然的气息，满足人们的心理需求。不同空间的功能属性不同，对界面的装饰处理要求会不一样，装饰中会对材料进行组合利用，组合的方式不同，会产生不同的空间效果，如重复性组合、顺序性组合、图形性组合等。下面分别描述原生态材料在地面、墙面、顶面的装饰。

顶面是室内空间中的重要组成部分，对其装饰要根据空间的高度来选择合适的材质，还要考虑到材料自身的重量，太过厚重的材料会有重力的影响，还会对空间造成压迫感，所以一般会选择比较轻薄、体量较小的材料。原生态在顶面的装饰，不同的手法会呈现不同的形态，排列的方式应尽量保持整体性，可以是连续性、重复性的排列等，有序整体性的组合方式会让人感觉舒适、平静，不会让人产生繁乱、焦虑的感觉。根据不同原生态材料的形态，对其使用方式也有多种多样，我们可以运用悬挂、粘贴等方式将原生态材料与顶面结合，产生的效果丰富多变，有独特的艺术气息。

室内空间中占比例最大的是四周的墙面，墙面的装饰可以对室内风格产生直观的影响。在原生态材料中，大多数材料都可以对墙面进行装饰，但在装饰时，要注意对材质进行处理，大型的块状材料要进行片状切割，墙面是人们所能触碰到的，所以不能有过于尖锐、锋利，要进行打磨处理，以免对人们造成不必要的伤害。在材料的选择上，要注意材料的纹理和与墙面的协调性，达到视觉上的平衡和稳定，如果搭配比例不协调会使人们反感。

三、原生态材料对室内空间进行分割

（一）室内设计中的绝对分割

室内设计中的绝对分割是指比较硬性绝对的分割，由实体界面进行空间分割的形式。绝对分割是对声音的阻隔、视线的阻挡、独立性有相当高要求的分隔，封闭性强，界限明确，有非常强的防打扰能力，保障空间内部的私密性和清净的需求。原生态材料在室内空间中进行绝对分割越来越受到人们的关注，很多是对材料进行密集排列组合，形成堆砌的效果分割室内空间；或是运用体量较大、硬度较高的材料划分室内空间。例如，木材无缝拼接形成整体的模块划分室内空间等等。运用材料特有的属性和不同的排列组合能形成不同的界面效果，细腻丰富，使室内空间充满趣味性。在现代空间中，有些只是对某一面墙运用原生态材料进行分隔，与空间中其他的界面形成鲜明的对比，营造出独特的空间气质。

（二）室内设计中的相对分割

相对分割是空间界限不明确，限定度较低的界面分割表现，这种分割使区域之间具有一定的通透性，没有明确的界限，使空间更加开阔，同时能保证各区域的功能完整互不侵扰，分割的形式灵活多变。其中，界面分割空间的强弱主要是由界面采用的材质、形态、大小来决定，不同的材质会达到不同的效果。在室内常用的表现手法有将原生态材料通过不同的排列组合方式形成规则或者不规则的界面形态，进行空间的相对分割；材料的表面形态和组织形式是形成界面最终效果的关键，所以对材质的选用和表现要根据空间的需要，与空间环境相协调。

（三）室内设计中的弹性分割

弹性分割是指利用原生态材料制作成折叠式、拼装式等可以灵活活动或多变的界面隔断，其优点是可以跟随空间的需要灵活多变地移动界面的位置，使空间随之变大变小，隔开或者成为一个整体，达成人们需要的空间形

式，这种分割的弹性大、灵活性强，能满足多种空间需求。最常见的像屏风、垂帘或者可移动的陈设品等，一般会选用较为轻便的原生态材料、木片等进行编织组合，都能满足弹性分割的效果。

四、原生态材料形成的装饰陈设

原生态材料可以装饰室内空间作为室内的陈设品和装饰品，融合一些设计手法，能提升空间的品质氛围，室内的装饰陈设的表现样式有很多种，如顶面装饰、墙面装饰等。装饰的过程中对材料的造型手法不一，例如对原生态材料进行编织组合、有序或无序排列、较大体量材料分片截取等。有些是直接利用材料的原始形态，所形成的陈设品不同于传统的陈设品，没有过多的工业化气息，其材质的属性、肌理、色彩都是天然形成的，成就了陈设品的独一无二性，是不可复制的，不能大批量生产。原生态材料形成的装饰陈设品在室内空间中与空间是相辅相成的，所以装饰陈设的设置是要根据室内的氛围需要来设计，达到烘托室内氛围的效果。

参考文献

[1] 黄成，陈娟，阎轶娟 . 室内设计 [M]. 南京：江苏凤凰美术出版社，2018.

[2] 林开新 . 李婵译 . 室内设计精选 [M]. 沈阳：辽宁科学技术出版社，2018.

[3] 吴卫光 . 室内设计简史 [M]. 上海：上海人民美术出版社，2018.

[4] 王佩环 . 中国古代室内设计 [M]. 武汉：武汉大学出版社，2018.

[5] 冯宪伟，李远林，蔡建华 . 中外室内设计史 [M]. 镇江：江苏大学出版社，2018.

[6] 杨春芳，唐龙，解俊 . 酒店空间室内设计 [M]. 合肥：安徽美术出版社，2018.

[7] 罗晓良 . 室内设计实训 [M]. 重庆：重庆大学出版社，2018.

[8][澳] 汉娜·詹金斯编著；齐梦涵译 . 英伦风格室内设计 [M]. 桂林：广西师范大学出版社，2018.

[9] 周健，马松影，卓娜，林阳，李洋 . 室内设计初步 (第 2 版)[M]. 北京：机械工业出版社，2018.

[10] 谢珂 . 室内设计方法与细部设计 [M]. 北京：中国商务出版社，2018.

[11] 朱亚明 . 室内设计原理与方法 [M]. 长春：吉林美术出版社，2019.

[12] 张能，王凌绪 . 室内设计基础 [M]. 北京：北京理工大学出版社，2019.

[13] 肖勇，傅祎 . 公共空间室内设计 [M]. 北京：北京理工大学出版社，2019.

[14] 任素梅 . 室内设计软装清单 [M]. 北京：兵器工业出版社，2019.

[15] 陈露.建筑与室内设计制图 [M].合肥：合肥工业大学出版社，2019.

[16] 化越.室内设计与文化艺术 [M].昆明：云南美术出版社，2019.

[17] 陈俊.建筑师的室内设计 [M].桂林：广西师范大学出版社，2019.

[18] 谢舰锋，姚志奇.室内设计原理 [M].武汉：武汉大学出版社，2019.

[19] 李远林，黄胤程，张峻.室内设计手绘表现技法 [M].合肥：合肥工业大学出版社，2019.

[20] 赵肖.杨金花，宋雯.李寰宇参.居住空间室内设计 [M].北京：北京理工大学出版社，2019.

[21] 王丽娜，汤瑾.室内设计 [M].哈尔滨：哈尔滨工程大学出版社，2020.

[22] 季慧.译者：潘潇潇.室内设计师必修课——从平面规划开始 [M].桂林：广西师范大学出版社，2020.

[23] 李晓莹，杨忠军.室内设计艺术史（第 3 版）[M].北京：北京理工大学出版社，2020.

[24]（英）苏珊 J.斯洛特克斯编著；殷玉洁译.室内设计基础 第 3 版 [M].北京：中国青年出版社，2020.

[25] 薛凯.公共空间室内设计速查 [M].北京：机械工业出版社，2020.

[26] 叶斌，叶猛.2020 室内设计模型集成 [M].福州：福建科学技术出版社，2020.

[27] 王群.酒店室内设计导则 [M].北京：北京理工大学出版社，2020.

[28]（日）松下希和，（日）照内创，（日）长冲充等.室内设计制图零基础入门 [M].南京：江苏凤凰科学技术出版社，2020.

[29] 郑嘉文.室内设计手绘基础精讲 [M].武汉：华中科技大学出版社，2020.

[30] 胡仁喜，张亭等.AutoCAD 2020 中文版室内设计实例教程 [M].北京：机械工业出版社，2020.